The code of
# CHA

# 中　国　茶　密　码

罗军作品

茶是有生命的

Feel the life of Cha

# | 目录 |

# 叶子的时代福利

陈宗懋

（中国工程院院士、中国茶叶学会名誉理事长、中国国际茶文化研究会名誉会长）

茶是世界上最古老的饮料，也是消费量最大的饮料。"神农尝百草，日遇七十二毒，得茶而解之"，在中国，我们的祖先很早就知道喝茶可以治病强身，每个朝代的医书中都大量记载着茶的药用功能。

茶之所以如此普及，被不同民族不同文化所接受，很大程度上是因为茶叶与人体健康存在着密切的关系。

人们对茶的健康认知可以划分为两个阶段：一是经验认知阶段，中国人喝了几千年的茶，但对于茶的认识其实是模糊的。英国人从16世纪开始喝茶，也喝了几百年，但在现代科学启动之前，他们对于茶的健康认知同样靠的是经验之谈。二是科学认知阶段，20世纪80年代，在现代科学的推动下，世界各国掀起了茶叶与健康的研究高潮，特别是对茶叶的抗氧化功能研究，成绩尤为突出。大量的科学实验表明，茶多酚及其氧化产物茶黄素、茶红素等具有强大的抗氧化功能，通俗一点来讲，就是摄入这些物质能够抗衰老、抗癌、预防心脑血管疾病。

罗军先生《中国茶密码》一书中有一个观点令我特别印象深刻，他认为茶的健康认知目前依然是被低估了。为什么会这样？这说明了科学技术的普及工作有待加强。

茶有益于人体健康是不争的事实，但对中国老百姓而言，喝茶的主要目的很大程度上依然停留在辅助代谢认知阶段。一片叶子之所以能成为时代的福利，前提是很多人得乐于饮用才行。我们喝茶，首先要知道茶的好处，才会主动去喝。

此外，中国茶产业迅猛发展，2015 年，茶园面积将近 4316 万亩，茶叶年产量已达 227.8 万吨。就当前来讲，如何提升茶叶的消费量，使得我国现有的茶叶产量基本达到产销平衡，是保持茶产业健康发展的关键环节。

茶产业如一架翱翔在蓝天下的飞机，它的平稳飞行离不开两个翅膀：一是茶科技，二是茶文化。茶科技是基础，只有基础夯实，老百姓才能喝上放心茶；茶文化是平台，通过它的展示才能让更多人爱上中国茶。

罗军认为茶是一项巨大的天然福利，我很认同这种说法。让更多人享受到这项福利不仅仅是我从事茶叶研究工作一直以来的最大目的，更是整个茶业界的共同心愿。

纵观茶叶发展史，当下是茶业的黄金时代。希望《中国茶密码》一书能够让更多人科学地了解中国茶，爱上中国茶，并由此开始享受一片叶子的时代福利。

# 中国茶的世界坐标

马胜学

（国际平衡营养学首席科学家，原星巴克中国和亚太区副总裁兼研发总监，上海诗琳美生物科技有限公司创始人）

有人问我为什么每天都要喝茶，因为在我看来，茶是世界上最健康的饮料，不是之一。我本身是学营养学的，比较研究过各种天然或人工的饮品之后，我发现茶的成分组成最为合理，一杯茶，足以从各个方面协调我们的身心健康。因此，从国际平衡营养学角度来看，茶是最好的平衡营养饮品。

罗军先生《中国茶密码》一书对于茶的平衡营养作用有清晰而完整的解读，他认为粮食果蔬是补充营养的，草药是治疗疾病的，生长在贫瘠山坡上的茶则是平衡营养的。这种解读以及对茶的定位非常独到，也非常精准，我是第一次读到。

一直以来，国际上都把茶定义为健康饮品，主要强调的是茶的抗氧化功能。当然，不可否认，茶叶中的茶多酚、茶黄素确实能够清除自由基，延缓衰老。但我更认同罗军在书中对茶的宏观把握，即从国际感官学和平衡营养学角度来定义这片神奇的叶子。因为除了抗氧化功能，茶叶中的茶多糖、生物碱、茶氨酸等物质都各司其职，给予我们不同的味道，并从不同方面调节着我们的身体。

经常听罗军讲茶，知道他是一个非常有趣的人，思维敏捷，妙语连珠，跟他聊天总会忘了时间。读过《中国茶密码》，等于听罗军讲了一堂课，本书真实还原了罗军的说话风格，循循善诱，让人如沐春风，不知不觉在"茶知识"的海洋中沉醉。

与之前读到的很多茶书不同，《中国茶密码》是第一本站在国际科学角度讲茶的科普书，以国际感官学品茶，以平衡营养学喝茶，条分缕析，脉络清晰。在罗军笔下，中国茶第一次有了世界坐标。这本书可以说是罗军研究中国茶十年时间的沉淀之作。

我希望喜欢茶或想了解中国茶的朋友们，能够读到这本书。我相信你们一定会有与我相似的感觉。

# CHA：中国人的巨大福利

我在很多城市讲过"走进中国茶"这堂课，上海、北京、大理、杭州、广州……听者有大学生、媒体人、设计师和专家学者，不一而足。

上完课，很多不喝茶的人会告诉我：罗老师，以后我要开始喝茶了！而原本平日里喝茶的人则告诉我：罗老师，我更加爱喝茶了！为什么会这样？是因为他们认同了我讲课时说的一句话：茶是一项巨大的福利。

"福利"的说法，其实来自一位美国友人——家乐福的亚洲采购总监史蒂文。

我是中山大学毕业的。2007 年的时候，中大成立了一个企业家校友会，邀请我参加。校友会的开幕式很隆重，来了很多人，都是各行各业的优秀企业家校友。

第二天，来自北美的校友会分会长带着史蒂文过来看我，想了解一下中国茶。史蒂文很年轻，也很帅气，看着不过三十多岁，后来我才知道，他很能干，是家乐福亚洲区采购总监。当时整个家乐福亚洲区有机食品采购均由他负责，一年采购额达 100 亿美元。

当天，我花了一整个下午的时间给史蒂文讲茶，以及正在做的茶推广项目。他一再感叹，中国茶太有意思了！中国茶应该进入美国，美国有很多大胖子，这是不健康的。中国茶进入美国之后，会给美国人民带来巨大的福利。

　　很多做茶的人，包括当时的我，都没有想到，茶竟然是一项巨大的福利。

　　史蒂文很兴奋，他说："你们这个项目太大了，我决定不了，你最好到我们总部给董事会讲中国茶，这样我们可以整体来做。"此外，他还表示，如果我们需要，他愿意辞职，来跟我们一起做茶。他这么一说把我吓坏了，那时我们刚开始做茶，还是一家很小的茶叶公司。

　　史蒂文为什么敢这么讲呢？是因为他看到了茶有一个很好的未来。

## 2015 年不同年龄段喜爱咖啡或茶的美国人比例

| | | | |
|---|---|---|---|
| 42% | 50% | 62% | 70% |
| 42% | 35% | 28% | 21% |
| 18—29 岁 | 30—44 岁 | 45—64 岁 | 65+ 岁 |

近年来，美国越来越多的年轻人开始接受茶，喝茶有益健康的理念被广泛接受。

　　2015 年，美国茶叶协会（Tea Association USA）的数据显示，过去 5 年，对茶叶产生兴趣的美国人增加了 16%。

　　国际贸易中心（International Trade Centre）的数据则显示，过去 10 年中，美国茶叶进口量增长了 30%。2014 年，美国总共进口了 129166 吨茶叶，首次超过了英国，英国 2014 年的进口量为 126512 吨。美国的茶叶消费量呈增长趋势，英国则相反，过去 10 年，进口量下降了 20%。

　　美国茶叶消费增长量主要体现在年轻人身上。美国茶叶协会主席彼得·戈吉（Peter Goggi）表示：我们发现喝茶有益健康的理念确实已被广泛接受。

　　美国咖啡的消费量却在降低，美国国家咖啡协会（National Coffee Association）最新年度调查报告显示：59% 的美国人表示他们每天喝一杯咖啡，这一比例低于 2014 年的 61%，也低于 2013 年的 63%。

资料来源：福布斯中文网

听完中国茶的故事，史蒂文完全把他的 Tea 给忘记了。他还专门强调，一定要叫 Cha，不能叫 Tea。Tea 是他们的西方工业文明之茶，就是立顿生产的那种茶包，Cha 才是真正的中国茶。对他来讲，Tea 和 Cha 是不一样的，中国茶有这么丰富的内涵，超出了他的想象，他被中国的 Cha Story（茶故事）感动了。

史蒂文希望我们的茶能做得更简单，让更多人能体验到中国茶的美好。他的这种说法给了我很大的启发，后来我创立了一个茶品牌，叫茶香书香，英文名叫 Cha Story，而不是 Tea Story。

美国以及其他西方国家，Tea 的品牌有很多，而且已经深入人心，但 Cha 的品牌还没有。不过，近两年星巴克已经开始行动了。2012 年 12 月，星巴克花了 6.2 亿美元收购了一个茶品牌，叫 Teavana。比较确切的消息是：2016 年，Teavana 要进军中国。

目前国内的形势比我们想象的还要好，因为中国人对自己的文化越来越有信心了，各个阶层对茶都重视起来了。一直以来，国盛茶香，对待茶的态度，体现着我们对国家的信心。

一百多年前，英国作家托马斯·德·昆西（Thomas De Quincey，1785—1859）说，茶是"有魔力的水"。

从唐朝开始，一千多年来，我们把茶的福利传播到了世界很多地方。现在，世界上有一半的人每天都在喝茶。茶不仅是魔力之水，更是福利之水。

可我们中国人自己，对茶的感受却是不一样的。很多时候，茶是手边一杯有滋味的水，我们习以为常，渐渐忽略了它的神奇魔力。太容易得到，以至于不知道它是上天赐予我们的一项福利。

这本书，讲的就是我们熟悉却可能并不完全了解的中国茶。

我之所以去往很多地方，给不同身份、不同职业的人讲中国茶，是自己许诺给这个时代的一个愿望：这一株生长上万年的伟大植物，在六千多年前被我们的祖先发现，然后穿过漫长的时光，演变为一碗茶汤。在历史进步的车轮中，它时而黯淡，时而闪光，却从未被湮没。到了今天，老祖先选中的这片叶子已经惠及了全球不同肤色的几十亿人。在中国，茶应该有属于自己的位置：我们有必要搞清什么是中国茶，它为什么是一项巨大的福利。

我希望通过这本书，大家能真正地走进中国茶，爱上这一片神奇的东方树叶。或许，你也会被这一片树叶感动，爱上这一杯福利之水。

# 茶香

*The flavors of Cha*

# 你会闻香吗？

茶，最迷人的地方在于它的香气。

你会闻香吗？闻香似乎是我们本能的反应。每天，我们的鼻子会闻到各种花香、果香，以及食物的香气。

从国际感官学来讲，闻茶香与闻自然界的其他气味是同样的原理，只是茶相对复杂一些，它的多样性决定了品鉴茶香要比品鉴红酒、咖啡复杂得多。

## 闻香的两种途径：一种是鼻腔闻香，一种是口腔闻香。

一般来讲，我们是通过鼻子闻香的。进入到鼻腔的气体，先经过嗅神经识别鉴定，再传递给大脑并记忆下来。其实，人体还有一个重要的闻香途径，即通过口腔来闻香，只是很多人意识不到这一点。气体通过这两个途径到达我们的嗅神经。嗅神经里面有1000万—2000万个感受器，通过感受器把它们切换成电信号，再把信号传给我们的大脑，把它记忆下来。

所以，看一个人会不会喝茶，看他会不会辨识茶香，主要看两点：第一点看他的捕捉器怎么样，即嗅神经是否敏感；第二点看他的记忆力怎么样。记忆力好的人，几千种香气，他都可以很好地记住，并能够区分开。

## ❖ 香气感知

我们感知香气由嗅觉来完成，嗅觉是一种感官感受的知觉，由嗅神经系统和鼻三叉神经系统共同参与。具体来说，香气分子首先与空气结合，形成气味受体，气味受体回旋进入鼻腔膈膜处，嗅觉受体细胞被激活，发出电信号。电信号在嗅小球中传导，最终被大脑中的嗅觉区域神经所感知。

嗅觉是一种远感，通过嗅觉器官来捕捉气味分子，有些气味很远就能闻到。相反，味觉是近感，通过味觉器官——舌头上的味蕾来感受味觉信息，食物和饮品只有到了嘴里，才会产生味觉。

## ❖ 神秘的嗅觉

在人体的所有感觉中，嗅觉是最为神秘的。一个人能够识别和记忆的气味可以达到一万种，之所以能够如此的原理却一直未被破译。

2004 年，诺贝尔生理学／医学奖获得者理查德·阿克塞尔（Richard Axel）和琳达·巴克（Linda B. Buck）揭开了嗅觉的神秘面纱。在两位获奖者发表的论文中，他们宣布发现了约含 1000 个不同基因的气味受体基因大家族，这些基因占我们基因总数的 3%。这些基因构成了相同数量的受体类型，位于嗅觉细胞内。尽管气味受体只有约 1000 种，但它们可以排列组合，从而去识别不同的气味，这就是人类和动物辨识和记忆不同气味的生理基础。气味分子接触到嗅觉受体，引发一系列酶级联反应，实现神经传导，最终我们的大脑感知到了不同的气味，并保存成某种记忆模式。

资料来源：《破解嗅觉之谜》，美国资讯网

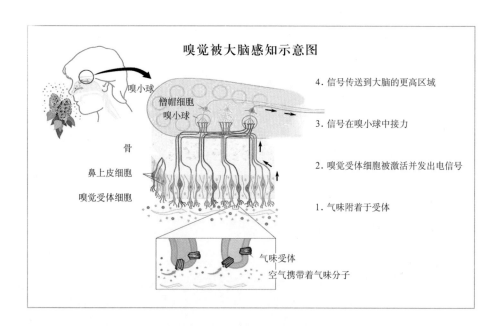

嗅觉被大脑感知示意图

嗅小球

僧帽细胞
嗅小球

骨

鼻上皮细胞

嗅觉受体细胞

气味受体

空气携带着气味分子

4. 信号传送到大脑的更高区域

3. 信号在嗅小球中接力

2. 嗅觉受体细胞被激活并发出电信号

1. 气味附着于受体

在茶业界，会闻香的人确实很厉害，闻一下茶汤就知道是什么茶。比如我在武夷山的一个朋友李方，她闻香就非常厉害。她是2007年央视斗茶赛的冠军，可能也是斗茶赛冠军中最年轻的一位。

首先，她的鼻子很敏感。在上海世博会"中国茶叶联合体"工作期间，她带着团队过来开会。晚上我们一起吃饭，两杯啤酒下去，她就开始流鼻涕。她的鼻子太敏感了，对气味的反应非常大，这是先天的优势。

其次，她肯下功夫去记忆那些气味。李方原本是做手机的，刚到武夷山时对茶一点都不懂。但她肯下功夫，记忆力又好，闻过的茶香，都能记在脑子里，知道每一种香在什么位置。

央视斗茶赛比的恰恰是对茶香的快速辨识能力。组委会把泡好的茶汤给每一位选手，然后选手得马上说出这是什么茶。它给的不是茶叶，而是茶汤，这就很有难度了，只能凭汤色和香气进行判断。李方能把茶科所的所长、老专家、老茶人都PK下去，是集中训练的结果。她用心学习了各种茶，闻过几千种香，同时记在了脑子里。

所以，辨识茶香除了需要具备先天敏感的嗅觉器官，也可以通过后天的练习来强化。

## 茶香的感知分为两个部分：气体部分和水汽部分；前者叫闻香，后者叫品香。

茶香有两类，一类是气体，包括从干茶中散发出的香气，以及从新泡的茶汤中发出的香气，对这一类茶香的感知叫作闻香；另一类是水汽，包括吞咽茶汤时在鼻腔散发的水汽，以及吞咽茶汤后留在嘴里的余香，对这一类香气的感知叫作品香。

我们出去看茶，一般是看干茶。有些茶很好区分，比如很多绿茶，通过外形、色泽就能确定它是什么级别。有些茶，比如岩茶，单纯通过外观无法确定优劣。如果你不开汤冲泡，就无法鉴定它究竟是不是好茶。

有个小技巧，可以帮到我们。你抓一把干茶，呵一口气，趁热来嗅它，干茶的香气马上就出来了。香气可以告诉我们，这个茶好还是不好。

从鼻腔里面进去的，叫闻香，从口腔里面进去、再返上来被嗅神经捕捉到的，叫品香。品茶主要考量的是品香。品香是吞咽茶汤后留在口中的余香，好茶的余香非常持久，像余音绕梁一样，这种香气是非常迷人的。

喝茶的时候，闻香为什么这么重要？是因为中国人喝茶喝了几千年，把茶喝出了两个必不可少的功能：一个是饮料的基本功能——解渴；另一个是审美功能，包括味觉审美和视觉审美。中国茶的消费驱动目前仍是审美属性大于健康属性。

中国人喝茶，首先是看茶好不好喝，其次是看摆的茶席好不好看。而未来的趋势，包括整个国际的方向，是茶的健康功能越来越受重视。因为越来越多的饮茶者开始关心个人身体的受益，而且这种趋势会更多地波及年轻人。

从国际感官学来讲，品茶跟品咖啡、品红酒是一个道理。只是茶有自己的特殊性，会比较复杂一点。掌握了闻香，喝茶就会变得很好玩。各种茶的香气虽然不一样，但闻香的基本原理一样，了解了闻香的生理学原理，茶香的品鉴就会游刃有余，会知道如何区分它。中国茶的体系确实很复杂。从感官学的体系入手，以后再喝茶，就知道中国茶是怎么回事了，也会明白中国茶真正的魅力所在。

## ✳ 难以分类的气味

空气中的气味分子非常复杂，闻到的"香"也就多种多样。香是没有基本味的，而且形容香气的词汇很少，人们便借助口腔味道来弥补香味的不足，如甜、酸、苦、辛、涩等。但此"味"非彼"味"，舌头感知的食物滋味和鼻子闻到的气味是不一样的。但二者交织在一起，构成了我们吃饭喝茶时奇妙的感觉体验。

我们还有另外一种给香味命名的方法，那就是将香味独立化，如茉莉香、玫瑰香、槐花香、姜花香、苹果香、柠檬香，等等。而事实却是，这些香味是若干种芳香物质混合而成的味道。在这个世界上，由一种芳香物质组成的天然香味是少之又少的，可以说几乎没有。

## ✳ 嗅觉灵敏度

人类的嗅觉在哺乳动物中并不突出，一方面是人类的嗅脑比较小，另一方面，人的处于鼻腔顶部的嗅觉面积太小，只有 $5cm^2$，而猫的嗅觉面积有 $21cm^2$，狗的更大，达到 $169cm^2$。

空气中含有气味的微粒抵达嗅区黏膜后，溶解于嗅腺的分泌物中，并刺激嗅毛的双极嗅细胞产生神经冲动。所以，引起刺激的香气分子一般具有以下特征：具有挥发性，溶于水，溶于油脂；具备发香原子或发香基团，具有一定的分子轮廓。

人类对嗅觉最灵敏的时期在 30—40 岁，之后会慢慢衰退。65—80 岁的老人有半数嗅觉几乎完全丧失。

资料来源：林翔云，《香味世界》

2014 年春天，在云南省勐海县布朗山乡老班章村访茶，闻到了班章毛茶浓郁的香气

# 茶系文明与酒系文明

讲西方文明，就不得不讲三个苹果的故事。

第一个苹果咬得比较狠一点，夏娃诱惑了亚当，打开了欲望之门，从此有了人类。第二个苹果砸在了牛顿的头上，然后有了万有引力，奠定了现代科学的基础。第三个苹果是乔布斯的苹果，他很聪明，只在上面咬了一口，以东方极简主义将科技带入了无限可能。

其实，还有一个更伟大的苹果，落在地上，发酵了，有了酒，形成了西方的酒系文明。

最初，人类除了水之外，没有别的饮料。

真正文明意义上的饮料，是人类找到了战胜水之贫乏的液体。人类为此做了各种尝试。西方最初找到的可能是酒，从果酒、啤酒到烈酒，再到各种调配酒，西方人的主体饮料就变成了各种含酒精的液体。西方文明的形成，对酒有很大程度的依赖。后来，尼采分析酒神和日神对西方艺术的影响，结论是酒神精神的作用还是更大一些。在酒系文明体系中，饮食形成了两大特点：以奶和甜系食品为典型代表。

　　东方文明是茶系文明，相对来说平和一些，偏自省、内敛，讲究平衡，包括情感方式、处世哲学，等等，都与西方人有所不同。茶系文明下的饮食也有两个特点：以油和盐系食品为典型代表。

　　西方人看东方的饮食文化，盐与油可能是不健康的；而东方人看西方的饮食，糖与奶可能也是不健康的。其实，任何食物只要不过度，适可而止，都是无损于健康的。而某一些偏好性的食物摄取，只要有其他辅助饮食来平衡即可。

任何生命都存在于一个生态系统中，平衡是最高生存原则。

## 西方的酒神与日神

西方的酒神和日神之说来自尼采的《悲剧的诞生》，这是他第一部较为系统的美学和哲学著作。他认为酒神和日神之间的冲突构成了古希腊悲剧的核心，许多学者认为酒神精神和日神精神构成了西方社会文明的基础。

酒神是狄奥尼索斯，他是葡萄种植业和酿酒之神。古希腊神话中，他手持酒杯，头上流淌着葡萄酒，神情欢乐而自在。酒神精神喻示着情绪的放纵发泄，是原始冲动的状态。日神是阿波罗。在古希腊神话中，阿波罗是庄严宁静的美男子，太阳神、射神、音乐神。他代表了正统，是理性的化身，喻示着崇高静穆、理性克制，像太阳一样，威严、稳定而温暖。

一直以来，学者们普遍认为，在艺术创作的王国，酒神精神无处不在，它对各种艺术形式及伟大的艺术家产生了深远的影响：艺术、自由、美是三位一体的，自由是艺术的基础，自由是美的基础。

**资料来源：尼采，《悲剧的诞生》**

上图：日神阿波罗

下图：酒神狄奥尼索斯

纪录片《茶，一片树叶的故事》对茶系文明有很好的解读。这部纪录片在 2013 年 11 月 15 日由中央电视台播出，是目前拍茶拍得最系统、最好看的一部纪录片，一共有 6 集。我参与了这部片子的策划与审稿。

从整体上来看，这部纪录片讲的是一片树叶的故事，也是人的故事，为几千年茶文化的演绎树立了一个影像纪念碑。

当时，受总导演王冲霄之托，我参与了解说词的终稿审核。记得在审稿前两天，恰好有一个做纸杯内淋膜的美国公司客人来访。这个公司很大，在世界同行业中排在第一位，它的产品用的是特殊材料，不但能降解，降解之后还可以转化为肥料，据说星巴克美国公司用的纸杯就是该公司的技术。

当时我们用的纸杯上印着一句英文：Into the water, a leaf falls. With taste and life, Cha was born. 这个美国人看我们的纸杯时，看到了这句话。他很兴奋地告诉我，他终于明白中国茶是什么了。因为在他之前的观念中，茶就是天天泡在水里的茶包，是工业文明的产物。就像现在很多小孩子不知道蔬菜是从泥里长出来的一样，大多数美国人也不知道茶是怎么来的。而这句话解释了茶是什么，它是怎么来的。把这句话翻译为中文就是：一片树叶落入水中，改变了水的味道，从此有了茶。于是，我建议冲霄把这句话作为纪录片的开篇语。

其实，酒和茶不只是两种性质不同的饮料。如果长期喝茶或喝酒，它会对我们的身体有一个缓慢的影响过程，反映到群体性情上，就是整体的社会文明。酒流入了热肠，茶化作了幽韵，它们引导了两个完全不同的方向。

### ⊞ 茶，一片树叶的故事

《茶，一片树叶的故事》是中国首部全面探寻世界茶文化的纪录片。该片6集的主题词分别为："土地和手掌的温度""路的尽头""烧水煮茶的事""他乡，故乡""时间为茶而停下"以及"一碗茶汤见人情"。每集50分钟，分别从茶的种类、历史、传播、制作等角度完整地呈现了关于茶的故事。导演王冲霄介绍，纪录片从确定选题到完成，历时两年，其中前期策划就长达半年。摄制组穿越了遍布地球的茶叶国度，深度走访了全世界200余位茶人。最终，摄制组精选了其中60余位茶人的茶话茶事，讲述了茶地的自然奇观、神秘的制茶工艺、各国的茶道，以及茶与人的故事。

纪录片《茶，一片树叶的故事》

我们看西方人好像更容易激动，情感表达也更为奔放一些，为什么会这样呢？西方的日常饮料中大多都是含酒精的，而酒是让人释放情绪的，这就导致了西方人的相对外向型性格，所以西方的传统节日是引导欲望释放的，如酒神节。中国人喝了几千年的茶，而茶是收敛性的，让人冷静的，我们的传统节日也是收敛温情型的，如中秋节。

一个民族的总体饮品对于社会性格是否存在明显的影响，目前尚无定论。但从长期的社会发展来看，酒、咖啡、茶与社会文明形态确实存在很微妙的关系。S. 威尔斯·威廉斯（S. Wells Williams）在《中国总论》（*The Middle Kingdom*）中写道："中国人家居式、安静的生活和习惯要归功于他们持续地饮用这种饮料，因为这种轻啜的习惯使得他们长时间待在茶桌旁。若他们有啜饮威士忌的习惯，悲惨、贫穷、争吵和疾病就会取代节俭、安静和勤劳。"

艾伦·麦克法兰在《绿色黄金：茶叶的故事》中对此也有相应的看法。他认为随着英国人饮茶风气的形成，整个国民性格都在改变。他说："猜测这个影响对国民性格产生的效应是非常有趣的，英国人会由具侵略性、好战、爱吃红肉、喝啤酒的个性，变得比较温和、比较不善变，改变一个国家国饮所带来的影响和冲击已经在日本和中国这两个大量喝茶的文明中得到解释和印证。"

茶包出现于 20 世纪初。

1908 年，美国茶商托马斯为了推广他的茶，用丝绸袋做了一些茶样，寄送给客户试用。有些人以为这些袋子是直接用来泡茶的，于是就将它泡在了热水中，然后直接喝泡出的茶水。他们写信向托马斯反映说这些丝绸袋子不是很令人满意，网眼太小了。托马斯受到启发，便开启了一种全新的销售模式，他开始把茶分装成小袋，并用纱布取代了丝绸，变成了一种便利产品。

## 茶包之所以盛行开来，很大的一个契机点是连锁店的出现。

乐购（TESCO）的中国区副总裁曾告诉我，1905 年乐购在欧洲诞生的时候，主要售卖食品。茶包就伴随着连锁店的扩张而普及，这也大大方便了更多人购买，而茶包自身的便利性也有利于快速消费。

在西方茶叶品牌中，立顿是其中的佼佼者，它主要生产各种茶包，几乎成了茶包的代名词。茶包在西方的普及，是茶走进西方工业化文明的一个辉煌标志。

## ✜ 茶包的故事

早在 1901 年的时候，美国有两位叫罗森和莫拉伦的女士已经发明了一种叫"茶叶托"的茶包，她们还申请了专利，只是她们的发明在市场上没有多大反响。

到了 1908 年，纽约茶叶商人托马斯·苏利文为了做市场推广，把茶叶分装到了丝绸制的小袋子里，作为茶样附送在商品里。很多人拿到茶样，没有从茶包里倒出来，而是直接放到杯子里泡茶喝。

这样做有两个好处：

一是，一个茶包可以泡一杯茶，不必泡一大壶；

二是，不用洗茶漏，很方便。

这种促销手段十分火爆，订单滚滚而来。托马斯便开始把茶叶分装成茶包进行售卖，并用薄纱布替代了丝绸，卖茶剩下的碎茶也加了进去，结果发现碎茶比叶茶更容易浸出，也更受欢迎。

袋泡茶在加工过程中经过了切揉，形成了颗粒状或形状细碎的片状，充分破坏了茶叶细胞，叶中的内含物质很容易浸溶出来。

一般情况下，沸水冲泡绿茶、红茶、花茶茶包，3 分钟后，第一次浸溶物达总量的 55%，第二次占到 30%，第三次为 10% 左右。从茶叶中氨基酸、咖啡碱、茶多酚、维生素被溶出的情况看，第一次可被浸出 80%，第二次达到 15% 以上，也就是前两次的冲泡基本把它的有效成分浸出了。

早期的茶包用的原材料并不好，影响了茶汤的口感，但最终以方便取胜。特别是"一战"期间，有些国家把茶包作为战士的日常补给。之后，茶包就更加流行和普及，特别是在容易接受新鲜事物的美国。

袋泡茶很方便使用，并且在使用后不会留下难以清理的茶渣，它将茶从一种礼仪性的饮料变为一种方便饮料，它还使跨国茶叶包装商得以使他们的产品标准化。这种在广告中被大肆宣传的标准化大大地减少了人们对高档茶叶的需求。

美国人喜欢茶包，而英国人起初对这项发明是不大感冒的。即便到了20世纪四五十年代，茶包的制作工艺已经相当完善，对茶的口味影响很小，英国人的接受度还是很低。这就是两个民族性格的区别所在，美国人容易接受新鲜事物，英国人则更为保守。

一直到20世纪五六十年代，茶包才开始在英国流行起来，50年代后期，茶包从几乎无人问津到占据英国3%的市场，之后占的市场份额越来越多。1970年，袋泡茶占英国茶叶市场的10%，1985年，增长到68%。2008年，茶包在美国的市场是90%，英国达到了96%。现在，英国人每天要喝掉1.3亿个茶包，这个数量是很惊人的。立顿每年卖360亿个茶包，用掉7万吨的茶叶，产值达到230亿元，而中国整个茶产业的年产值不过300亿元。

**资料来源：萨拉·斯通，《茶包是如何发明的》，《壹读》；宋慰祖、田伊，《袋泡茶百年不衰》，《北京日报》**

# 叶子的生态位

　　一株植物，由花、果、叶、根、茎、皮构成。其中，花和果是繁殖系统；茎和皮是传输系统；根和叶是生产系统。叶子最为神奇，它通过光合作用，把太阳能转化为化学能，为地球生态系统提供了能量基础，它是最伟大的。

西方人不断地在果实上做文章，诞生了葡萄酒文明、咖啡文明。中国人则拼命地折腾一片叶子，茶文明是最杰出的代表。

　　叶子最大的特点是勤而不争，营养给了果实，美貌给了花朵，叶子则默默无闻。很多人都喜欢花和果实，叶子则很容易被人们忽略。

　　植物界不存在生态位的概念，因为几乎每一种植物都是通过光合作用以及吸收土壤的营养来进行生长的。如果把一株植物的各个部分比作生物界，我们会发现，其中，叶子是有绝对竞争优势的，因为它的生态位宽度最大，所有其他部分都仰赖它而存在。

　　不只是茶叶，还有一种我们熟悉的植物——杜仲，也很能体现叶子的活性所在。2009 年，我结识了前立顿研发总监蔡亚博士，他在做一些功能性的草本植物研究，我向他推荐了杜仲。

云南景迈山的古茶花

⊞ 生态位

生态位是生物界的概念，是指每一种生物占有各自的空间，在群落中具有各自的功能和营养位置，以及在温度、湿度、土壤等环境变化梯度中所居的地位。比如大海中的鲸鱼，它居于主要捕食者的地位，在大海中有绝对竞争优势。关于生态位还有一个概念，叫生态位宽度，是指一个生物所利用的各种不同资源的综合。在没有任何竞争和其他敌害的情况下，被利用的整组资源被称为原始生态位。

资料来源：尚玉昌，《普通生态位》

杜仲是我们很熟悉的中药材。传统上，人们认为只有杜仲皮是有药效的，就把杜仲的皮剥下来，晒干入药。皮是运输营养的，皮一剥下来，树就死了。后来就发现这个方法不可行，杜仲只有长到 15 年才会有药性，这样做，资源浪费太严重了，于是开始采取环切的方式。

中国共有 100 万亩杜仲林。"二战"的时候，日本移植走了一批，现在日本有 5 万亩的杜仲林。

日本科学家非常重视杜仲的功效，将杜仲的花、果、叶、皮全部检测了一遍，发现叶子也含有杜仲的特殊功效成分。因为叶子最具有活性，可以大量生长，所以杜仲的功效成分开发原料就转向了叶子。

叶子是最具有活性的，也是勤而不争的，中国人借用制茶，让这片叶子上位，实现花和果的审美属性。

中国人对待茶的哲学，就演绎为追香的审美历程。

哪一种茶最香呢？可能大家喝过很多很香的茶，我也听过不同的答案。像台湾金萱乌龙有奶香，武夷岩茶有焦糖香，安溪铁观音有兰花香，等等。而广东潮州的凤凰单丛最具有代表性，在追香的几百年演绎中，形成了无数差异化的香型，其中显性的是十大香型：蜜兰香、桂花香、黄栀香、玉兰香、夜来香、肉桂香、杏仁香、柚花香、芝兰香、姜花香。

一片叶子为什么有花香果香？是因为它里面有几百种芳香物质。我们知道的各种花和果的香气，甚至花果之外的香气，都能通过这一片默默无闻的叶子演绎出来。

西方人想要获得这种香是通过另外的做法，比如需要表现玫瑰香，就直接在茶叶中加入玫瑰花；需要表现肉桂香，就直接在茶叶中加入肉桂。中国人会觉得这种做法太武断、太缺乏智慧了，中国人什么也不加，就可以让一片叶子实现花和果的审美属性。

## 老罗吃茶语录

美将我们俘虏，大美将我们释放。香令我们迷恋，真香令我们无形。古云：道可道，非常道。我曰：香可香，非常香。

# 本香的秘密

茶香有很多种，这些香是怎么来的？

茶香的形成可以归纳为三种类型：品种香、地域香、工艺香。以后我们再遇到茶，闻到茶香，可以思考一下它属于哪个类型。

品种香讲的是茶基因，是 DNA 表现出来的特征。

茶树起源于云南，本来是高大的乔木。我见过最古老的一棵茶树，有3200 多年的历史。

2014 年春，我和好友张海鸥、钱晓军在云南临沧考察时，滇红集团的王天权邀请我们去考察凤庆红茶，他特别嘱咐途中要去拜访这棵古茶树。为此，我们整整开车走了 7 个多小时。当看到这棵树的时候，我觉得再奔波也是值得的。这是目前发现的最古老的一棵栽培型茶树活体，树高达 10.6 米，围粗达 5.82 米，树龄高达 3200 年，至今仍生机盎然，人们每年还在采摘。

茶树的品种从云南走出来，往东、往北蔓延，在不同的地方落地生根，它的基因一点点被环境改变，茶的品种也变得多种多样。每一个品种都有它独特的风格。

树龄高达 3200 年的古茶树

关于品种香，以安溪铁观音为例。

如果你来到安溪，本地人一定会强调他做的茶是红心歪尾铁观音（红心歪尾是铁观音的优良品种），说这才是正味。铁观音确实很奇怪，它必须是这个品种，兰花香、观音韵才能出来。其他的种，如本山、毛蟹等，即使在安溪种植，也出不来这种特征。

## 地域香强调的是它的产地属性，具有不可复制性。

不管你爱不爱喝茶，你一定听过有一种茶叫大红袍，它是武夷岩茶的当家花旦。

当然，现在喝正岩大红袍是非常奢侈的。10 年前，我就是从大红袍开始做茶的。当时正岩茶没这么贵，也就几百元一斤，现在正岩茶动辄上万元一斤。为什么这么贵？因为在品种、地域、工艺形成茶香的这三个因子中，一定有一个因子具有不可复制性，那就是它的地域属性。

武夷山是一个很特别的地方。讲中国茶，一定避不开武夷山，日本人也追到武夷山去，台湾人也追到武夷山去，因为它确实非常重要。

中国茶的两次重大革命创新都发生在武夷山。

六大茶类中有两个品类的茶出自武夷山，一个是乌龙茶，一个是红茶。红茶是指正山小种，诞生于武夷山自然保护区；乌龙茶是指武夷岩茶，诞生于武夷山风景区。

武夷山风景区位于武夷山脉北段的东南麓，景区面积约70平方公里，属于典型的丹霞地貌。亿万年大自然的鬼斧神工，造就了风景区内奇美的碧水丹峰。《国家地理杂志》曾出过一本特辑，介绍100处中国最美的风景，有一类就是丹霞地貌。我大学的系主任黄进教授是"丹霞地貌之父"，他担任专家评委，将丹霞山评定为第一名，武夷山第二名。

丹霞地貌因为垂直节理，形成山体陡峭之势。去过武夷山的人会发现，武夷山风景区不大，像一个大盆景。里面最有名的景点是：三坑两涧、九曲十八弯、三十六峰、七十二洞、九十九岩，这些地方忽高忽低，错落有致，移步换景，瑰丽多姿。

武夷山风景区内的山体都是垂直下来的，上面的山峰晒得到太阳，下面是清凉的山沟。如果沟里面有水，就叫涧，没有水就叫坑。风景区最有名的"三坑两涧"，是武夷岩茶最核心的产区。

武夷山的丹霞地貌很奇特，景区内植被丰富，茶树有大树遮荫，岩壁上常年渗透露水，空气湿度维持在80%以上，形成了非常有利于茶树生长的小气候。这种小气候不但利于茶树鲜味物质的形成，茶树根部深入岩石，也提升了岩茶的微量元素含量。

由于这种特殊的地貌，历代茶人在这里不断地做研究，引进了很多茶树品种。在武夷山景区入口有一块石碑，上面记载了当年武夷山引入了几百个茶叶品种。最后的结果是，种到这里的茶，表现出了共同的特性，也就是现在很多人迷恋不已的"岩韵"。

## ❋ 三坑两涧

正岩茶产区的传统提法，以三坑两涧为代表，包括：慧苑坑、牛栏坑、大坑口、流香涧、悟源涧。这些地方谷深崖陡，岩壁间有泉水流过，遮荫条件好，冬无冷风，夏无烈日，相对温差小。正岩茶土壤通透性好，微量元素含量高，酸碱度适中，所产的茶具有明显的岩韵。正岩茶的主产区还包括：马头岩、天心岩、九龙窠、水帘洞、桃花洞、三仰峰、燕子窠、佛国、碧石等。

## ❋ 正岩茶、半岩茶、洲茶

武夷岩茶按产地不同分为正岩茶、半岩茶、洲茶。

正岩茶产区又分为名岩区和正岩区。名岩是指"三坑两涧"，正岩茶是指核心景区，包括大王峰、玉女峰、莲花峰、天心岩等所产的武夷岩茶。半岩茶是指除了正岩以外，即核心景区之外的茶区，诸如星村、高苏板等武夷山境内的岩茶。洲茶又叫边茶，是指武夷山以外其他产区的茶，主要是公路两侧、溪流两岸等平地所产的茶。

◀ 茶在"三坑两涧"中

武夷岩茶里面有两个品种茶很特别，山坡上晒到太阳的地方，品种香味呈显性，叫肉桂，它非常香。下面的沟壑环境幽深，日照时间相对较短，茶树浑身挂满苔藓，这个地方的品种醇味呈显性，叫水仙，口感比较醇厚。所以，关于岩茶就有"香不过肉桂，醇不过水仙"的说法。

此外还有一类茶，人们发现它又香又醇，这就是大红袍。同样，大红袍也是地域属性造就的结果。

大红袍有三类，一类是母树大红袍，仅留下来的六棵母树，2006年起停止采摘；一类是纯种大红袍，是利用无性繁殖技术，通过剪取母树大红袍的枝条，培育采制而成的大红袍；还有一类是拼配而成的大红袍，叫商品大红袍。

商品大红袍是拿各种品类拼配出一个综合的口感，肉桂、水仙、大红袍都能用到。除此之外，还会用到其他一些品种，如铁罗汉、白鸡冠、水金龟等。主要是看各用多少，让它的口感更饱满协调。

1972年，尼克松访华，周恩来代表毛泽东送了四两母树大红袍给尼克松。尼克松开玩笑说毛泽东很小气，才送我四两茶。周恩来就告诉他，主席已经

六棵母树大红袍生长在崖壁上，已经有 300 多年的历史

把半壁江山送给你了。这六棵母树，一年最多只能制作八两茶。

当年很多地方给毛泽东送茶，他知道这些茶很珍稀之后，就会把茶赠送给茶科所，让他们做研究用。广东茶协秘书长张黎明曾告诉我，他父亲是茶叶老专家，在茶科所工作时曾喝到过毛泽东转赠的母树大红袍。

1997年香港回归时，江泽民代表中央政府赠送给董建华一份母树大红袍。只是，这时候再送母树大红袍不像以前那么"豪放"了，是20克一份。送给董建华这一份，最后拍到20.8万元人民币。所以大红袍就创下了一个纪录，基本上是1克茶叶1万元人民币，是茶叶成交价格里面最高的。

2006年春天，是母树大红袍的最后一次采摘，为了保护母树，之后就不允许采摘了。我的忘年交——"武夷山人"邱德旺先生送给了我一份2006年的母树大红袍，我珍藏至今。

关于地域属性，还可以打一个比方。比如我不是上海人，我到了上海；上海就相当于武夷山，我们这些外地人就相当于从不同的山移过来的品种。到我们的下一代，学会上海话习惯了上海生活之后，他们会认为自己是上海人，就相当于它具备了这个地方的地域属性，也就是我们讲的"有岩韵"了。

再比如我有三兄弟，从江西到了上海、广州、北京，我们自认为是江西人，但我们下一代则会认为他们是上海人、广州人、北京人。江西是品种属性，上海、广州、北京的地域属性不断修正它，最后把它修正成为不同的地域属性，也就具备了"地域香"。

工艺香是茶的生产加工工艺，是一代代茶师不断探索的经验大成。

金骏眉是近几年特别受欢迎的一款红茶，业内人士经常会讨论它是什么属性优先。金骏眉最伟大的地方在于，它对红茶的传统发酵工艺进行了创新改良，使红茶呈现出更多的花果香，符合了泡茶艺的审美需求。

一直以来，传统红茶主要是供应国际市场，大部分是用作调饮茶，特别强调浓强度。而国内泡茶艺特别追求浓强度与鲜度的平衡，以及花果香的审美属性。花香和果香恰恰是最为迷人的，这两个香气一出现，所有人都爱喝。

金骏眉以工艺创新和产品力取胜，带动了整个国内红茶消费市场的回升。各地红茶借鉴金骏眉的创新工艺，让传统红茶超越了发酵的甜香、熟香，呈现出更显性的花香、果香，喝红茶的人因此越来越多。

也有人认为金骏眉比较突出的是地域香。金骏眉创始人江元勋和梁骏德听到这个会非常开心，他们的产品品牌除了强调创始人的工艺属性，也特别强调桐木关（金骏眉的产地）的地域属性。

不同的茶，工艺是不一样的。比如普洱茶的生产，其核心工艺就是拼配。

以看似平凡常见的下关沱茶为例，它的拼配工艺其实非常复杂。其掌门人罗乃炘告诉我，他们每年都会在云南一百多个产茶的乡镇收茶。每一个乡镇，哪怕是同一个品种，因为山头不同，茶的品质也不一样。有些地方的苦一点，有些地方的甜一点，有些地方的涩一点。那怎么把这些茶组合起来，表现出最优的状态？靠的就是拼配。

这些毛茶原料不只是山头的问题。一年中，至少会采春茶、夏茶、秋茶，季度不同；采摘的时候，有单芽头、一芽一叶、一芽两叶、一芽三叶……级别不同；毛茶晒青之后入库存放，会存放一年、两年、三年……年份不同。

老茶师会凭借多年的经验，把地域不同、季度不同、级别不同、年份不同的毛茶原料，拼入不同的比例，使整个茶的层次、滋味等各个方面达到最优、最平衡。

普洱茶，绝大多数都是拼配茶，每个茶厂都有自己秘而不宣的拼配秘密，这些秘密属于核心的商业机密。茶的拼配靠的是长期实践，以及对各个茶区的深度了解，非资深茶师不能胜任。

## 老罗吃茶语录

茶的好玩之处在于每个人都可以成为新鲜的外行。

# 茶香的诞生

中国茶有六大茶类：绿茶、白茶、黄茶、乌龙茶、红茶、黑茶。

　　六大基本茶类之外，还有一类是再加工茶，如花茶和紧压茶。通常就叫6+1，这是全世界品类最齐全的茶体系。

　　六大茶类的概念是由陈椽教授提出的，是根据茶多酚的氧化程度和氧化方式来进行分类的。茶叶中含有茶多酚，含量在18%—36%，也含有多酚氧化酶，它们分布在不同的细胞器。如果茶多酚和多酚氧化酶相遇，就会发生酶促反应，即茶多酚在酶的作用下发生氧化反应。

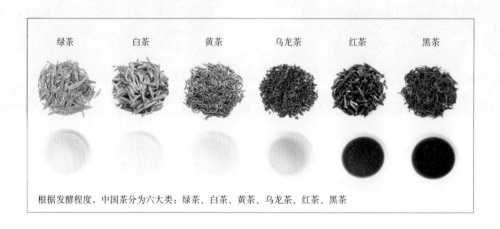

　　根据发酵程度，中国茶分为六大类：绿茶、白茶、黄茶、乌龙茶、红茶、黑茶

从绿茶到红茶，茶汤的颜色越来越深，其实就是茶多酚被氧化的程度越来越深，变成了茶黄素、茶红素、茶褐素。

绿茶是不发酵的，越往红茶这个方向，发酵度越高，也就是茶多酚氧化的程度越高。乌龙茶处在中间，是发酵了一半，茶多酚保留了很大一部分。

这六大茶类，它们的成分、香气组成目前都可以检测出来。从绿茶、黄茶到乌龙茶，它里面的成分有哪些，综合起来是什么香型，现代科学对此有很清晰的解释。

鲜叶的香气组成大概有86种芳香物质，如果做成绿茶，就变成260多种，做成红茶和乌龙茶，就会达到400—500种。乌龙茶比较复杂，从根本上来讲，是从低沸点到高沸点的芳香物质都包括了。这也解释了大红袍、凤凰单丛为什么那么出名，因为它们的香气非常丰富、迷人。

如果要更简单地理解中国茶，我更愿意将茶只分为三大类，以三大目的为导向：不发酵茶、半发酵茶、全发酵茶。

以不发酵为目的，如绿茶，其香气形成机制以热效应作用为主；以全发酵为目的，如红茶，其香气形成机制以脂质降解作用为主；处于两者之间的半发酵目的，如乌龙茶，其香气形成机制以水解作用为主。

至于白茶、黄茶、黑茶，也可以按发酵的目的进一步分类，白茶和黄茶接近绿茶，黑茶更靠近红茶。

## ✿ 水解

以糖苷形式存在的结合型香气化合物，在酶的作用下水解，香气化合物游离出来，如橙花叔醇、香叶醇、芳樟醇等具有花果香的香气物质等。

## ✿ 偶联氧化作用引起的脂质降解

在酶促氧化—发酵过程中，儿茶素先氧化成邻醌。邻醌很不稳定，一部分邻醌可聚合成邻苯酚醌或茶黄素（继续氧化成茶红素、茶褐素），另一部分可以还原成儿茶素，此过程中，氨基酸、类胡萝卜素、脂肪酸、醇类被氧化而形成紫罗酮、茶螺烯酮、二氢海葵内酯、醛类、醇类、酸类等花香、甜香重要香气成分。

## ✿ 热效应

高温条件下，通过美拉德反应（还原糖与氨基化合物间的反应）形成吡嗪类、吡咯类及呋喃类、糠醛类等焦香、甜香物质。

### 三大茶类香气形成机制示意图

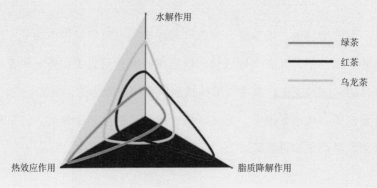

茶树

## 各茶类香气组分组成

| 茶类 | | 香气组分 |
|---|---|---|
| 绿茶 | 蒸青 | 含有较多具有鲜爽型的沉香醇及氧化物，青草气味低沸点的己烯醇类成分和青香的吲哚等。具有日本绿茶新茶香的顺-3-己烯醇、二甲硫、顺-3-己烯醇甲酸醋、顺-3-己烯乙酸醋以及顺-3-己烯-反-2-乙烯酸醋。这些香气成分在典型的绿茶、新茶香中起重要作用。 |
| | 炒青 | 乙酸乙醋、反-2-己烯醇、顺-3-己烯醇甲乙酸乙酯、反-2-己烯醇、顺-3-己烯醇甲酸酯、庚醛、苯甲醇、芳樟醇及其氧化物、1-5-辛二烯-3-醇、苯乙醇、2-萜品醇、苯乙醇、香叶醇、吲哚、β-紫罗酮、橙花叔醇 |
| 乌龙茶 | | 乌龙茶的香气以浓郁花香和焦糖香为其特点。高档的乌龙茶以花香突出为其特点。构成花香的主要成分是橙花叔醇、吲哚、茉莉内醋、茉莉酮酸甲醋等。 |
| | 清香铁观音 | 具有栀子花香的橙花叔醇、清香的吲哚以及苯乙醇含量相当高。 |
| | 台湾乌龙 | 含有较多的沉香醇及氧化物、3,7-二甲基-1,5,7-辛三烯-3-醇、1-辛烯-3-醇等。 |
| | 广东单丛 | 凤凰单丛中具有显著兰花香的八仙茶含有新植二烯、吲哚、芳樟醇及其氧化物、法呢醇、法呢烯等成分，含量占香气成分的53.37%。具有天然栀子花香的黄枝香品种，含量最多的7种组分是新植二烯、法呢醇、吲哚、2,3-辛二酮、芳樟醇及其氧化物、顺式茉莉酮、法呢烯等。这些香气成分赋予该品种浓郁、清高的自然花香。 |

| 茶类 | | 香气组分 |
|---|---|---|
| | 白毫乌龙<br>（东方美人） | 深发酵乌龙茶，专采由小绿叶蝉吸食过的鲜叶为原料，具有熟果香、蜜桃香。具有香叶醇、2，6－二甲基－3，7－辛二烯－2，6－二醇、苯甲醇、苯乙醇、β－芳樟醇及其氧化物、橙花叔醇以及萜品二醇等萜烯醇类。 |
| | 焙火乌龙 | 以焦香为主要特征。焦香气的主要化学成分是吡嗪类、吡咯类、呋喃类、3，7－二甲基－1，5，7－辛三烯－3－醇、苯乙醛等。其中主要生成物是甲基吡嗪、2，5－二甲基吡嗪、1－乙基吡咯－2－醛、2－乙酰吡咯及糠醛等。其中前三种可作为焦香味的化学成分。吡嗪类、吡咯类化合物是糖类与氨基酸的美拉德反应的产物。 |
| 红<br>茶 | 红茶 | 有些红茶还具有季节性花香。其香气成分主要是沉香醇及其氧化物、拢牛儿醇、苯乙醇、苯甲醇、水杨酸甲醋等。 |
| | 祁门红茶 | 具有高锐的玫瑰花香，俗称"祁门香"，主要是拢牛儿醇、苯甲醇、苯乙醇、香叶醇、芳樟醇及其氧化物、β－紫罗酮等所形成。 |
| | 正山小种 | 含有高水平的酚类化合物、呋喃化合物、含氮化合物、环戊烯酮和萜烯类化合物，主要是烟熏形成的。 |
| | 大吉岭红茶 | 与苹果或葡萄似的青香，主要是芳樟醇及其氧化物、香叶醇、香叶酸、2，6－二甲基－3，7－辛二烯－2，6－二醇及3，7－二甲基－1，5，7－辛三烯－3－醇，后面两种成分被认为是大吉岭红茶特有的麝香葡萄似的青香，后面第一种成分白毫乌龙中也含有。 |
| | 斯里兰卡红茶 | 含量较高的有顺－茉莉酮酸甲酯和顺－茉莉内醋，因此具有明显的茉莉花香。 |

# 绿茶

在六大茶类中，绿茶是基本茶。为什么呢？

首先，中国喝了几千年的茶。

从陆羽的《茶经》开始，距今大概有1200多年的历史。这1200多年的时间，从唐朝至宋朝，乃至明朝的前期、中期，喝的全是绿茶。也就是说，这么长的一段时期，人们大部分时间喝的全是不发酵的绿茶。后面的红茶、乌龙茶这些茶类，是在明清之后才逐一产生的。

其次，绿茶之所以是基本茶类，是因为在中国200多万吨茶叶年产量中，绿茶占70%左右。

制作绿茶的基本工艺包括：摊放、杀青、揉捻和烘干。其中，关键的工艺是杀青。之后的揉捻主要是为了让外形更漂亮，做成扁形、长条形，或者圆形，但本质上它们都是绿茶。

杀青是终止茶叶的发酵，通过高温来钝化茶叶的活性酶，才能保留住这个叶子最重要的活性物质——茶多酚。同时，蒸发掉叶内的水分，使叶子变软，为造型做准备。在高温作用下，青草气的低沸点芳香物质挥发，茶的香气会更加成熟。

如何用高温钝化鲜叶中的活性酶？

有好几种方式：炒青、烘青、蒸青、晒青。在明朝以前，全部是蒸青绿茶，明朝中期才出现了炒青绿茶。

炒青绿茶工艺

## 绿茶生产工艺

鲜叶→摊放→杀青→揉捻→干燥

绿茶鲜叶在摊放的过程中，散发了大量青草气，由于失水，糖苷开始水解，形成部分香气。

杀青除了钝化酶的活性外，也是香气形成的一个关键。在这个过程中，糖、氨基酸和果胶产生脱水反应，形成焦甜香，并形成酯类化合物，形成水果香。

炒青是指热力作用形成吡嗪、糠醛类焦甜香气。热力作用对绿茶的香气形成非常关键。

## 绿茶的种类

| 绿茶种类 | 杀青及干燥方式 | 代表名茶 |
|---|---|---|
| 炒青 | 以炒制杀青并同步干燥 | 西湖龙井、碧螺春、信阳毛尖 |
| 烘青 | 炒过之后再以烘焙方式干燥 | 黄山毛峰、太平猴魁、六安瓜片 |
| 蒸青 | 高温蒸汽杀青 | 恩施玉露、仙人掌茶、阳羡茶 |
| 晒青 | 炒过之后日晒干燥 | 晒青毛茶 |

**蒸青是唐宋时期茶叶的杀青方式，这种方式在日本的抹茶工艺中得以保留。**

蒸青绿茶怎么做呢？简单打个比方，家里买回来一把青菜，广东人的做法是：把菜在水里快速烫一下，把它烫熟。这样做出来的菜非常绿，而且绿得很均匀。茶的做法也一样，以烫煮或蒸汽杀青，就是蒸青杀青的方式。

唐朝、宋朝，以及明朝早期，蒸青是主流的茶叶杀青方式。在宋朝，这种方式传到了日本，演变成了当今日本抹茶的生产方式。

宋朝做的绿茶叫"龙团凤饼"，工艺十分考究。这一时期的茶是追鲜的，做茶用的是嫩嫩的芽头，点出来的茶一点都不苦，很鲜，是可以直接吃下去的。日本的抹茶也一样，打好后全部吃下去。蒸青绿茶以鲜为贵，对香气的要求就稍低一些。

恩施玉露是中国最有名的一款蒸青绿茶，它产自湖北西部的恩施，外形很漂亮，色泽苍翠绿润，毫白如玉，是一款口感很鲜醇的茶。

我最初到日本时，总喝不惯日本的绿茶，这也是大多数喝惯了中国炒青绿茶的人对蒸青绿茶的普遍感受。蒸青绿茶的青草味相对比较重。由于开水和蒸汽的温度最高只能到100℃，高温才能产生的香气就出不来。炒青的锅温达200℃，是蒸汽温度的两倍多。这两种方式出来的芳香物质自然就不一样。

▶ 太平湖

同样是一把青菜，如果放到锅里面直接炝炒，这种方式就叫炒青。炒青绿茶的代表是西湖龙井和碧螺春。

西湖龙井是中国茶的大家闺秀，碧螺春是中国茶的小家碧玉。炒青绿茶是很不容易的，像西湖龙井，非物质文化遗产传承人目前只有两位，其中，樊生华是我的好朋友。我看过他炒茶，那些手法确实称得上一门技艺。

西湖龙井的手工工艺的确难度很高，是一项绝活。采下来的鲜叶，稍微摊晾之后要放到锅里面炒。每一片鲜叶的面都要接触到热锅，这样才能靠热力作用将活性酶钝化。如果杀青杀不透，里面的酶还会发挥作用，做的茶就不达标。有时候买回来的西湖龙井，一泡发现茶汤有些泛红，这说明它杀青没杀透，叶子发酵而发生红变了。

炒茶的锅温很高，稍不留神，叶子就会炒焦。所以炒茶在保证杀青杀透的同时，又不能炒焦。为此，茶师就设计了炒茶的十大手法，来保证炒出的茶翠而不焦。

炒青绿茶真正厉害的地方在于，在炒制的过程中，干燥、成香、造型三大使命是一气呵成、同步完成的。一是通过高温炒制，在钝化了活性酶的同时也脱去了水分；二是更成熟的芳香物质能够形成；三是完成了造型，可以是扁形茶、针形茶，等等。

关于绿茶，不得不提两个清朝皇帝，一个是康熙，一个是乾隆。康熙代言了碧螺春，乾隆代言了西湖龙井。

康熙和乾隆对江南文化是十分迷恋的，在他们当政期间，都进行过所谓的南巡。南巡除了政治目的之外，其文化情结有二：一是看江南美女，二是探江南春色。这爷孙俩下江南的时间也很巧，都是在正月里出发，三、四月来到江南，那时候正是江南最美的时节，也正当茶季。

茶代表了江南的精致生活，也是江南春色的象征。当时，春茶一上市，便会快马加鞭运到京城，供给王公大臣。毛奇龄的《西河诗话》有这样一段记载：

燕京春咏有云："春店烹泉开锦棚，日斜宫树散啼莺。朝来慢点黄柑露，马上新茶已入京。"茶刚入京，各衙门献新茶，今尚循故事，每值清明节，竞以小锡瓶贮茶数两，外贴红印签，曰："马上新茶。"时尚御皮衣，啜之，曰："江南春色至。"

康熙与碧螺春　　　　　　　　　乾隆与西湖龙井

**⊞ 积温**

一年内日平均气温 ≥ 10℃持续期间日平均气温的总和，即活动温度总和，简称积温，是研究温度与生物有机体发育速度之间关系的一种指标。1735年法国的德列奥米尔首次发现植物完成其生命周期，要求一定的积温，即植物从播种到成熟，要求一定量的日平均温度的累积。以茶树为例，达到一定的积累值，才会在春天萌芽。

碧螺春是怎么来的呢？

康熙有一次南巡，来到苏州，当地官员宋荦就给他献茶。康熙皇帝一喝这个茶，觉得奇香无比。他就问宋荦这是什么茶，宋荦回答，当地的土话叫它"吓煞人香"。康熙就觉得这个名字不太雅，然后一看这个茶，绿绿的，呈蜷曲状，采摘季节又是明媚的春天，就给它起了个名字叫"碧螺春"。"碧螺春"听起来很雅，从此成为苏州的文化名片，是很多人耳熟能详的地方名茶。

到了乾隆，他走得更远一些，走到了杭州。西湖龙井的很多故事都跟乾隆有关系，尤其是扁形茶的来历。

乾隆来到杭州，就到茶园里面采茶。他本来很高兴，因为春天嘛，天气和暖，周围绿油油的。这时候，就有宫里的人来报，说太后病了。乾隆就把茶揣到衣服里，匆匆回京了。回到京城之后，发现太后也没什么大碍，主要是想他了。太后问他身上带了什么，怎么那么香？他想起来是采的那一把茶发出的香味，就拿出来一看，茶压扁了，这就是扁形茶的来历。西湖龙井从此名气很大，成为最具有代表性的一款绿茶。

碧螺春和西湖龙井都是炒青绿茶，碧螺春用的是芽头，西湖龙井用的是一芽一叶。它们做出来的茶，香气不一样。

很多人现在喝碧螺春，觉得它很鲜，但是不及传说中那般"吓煞人香"。原上海茶叶公司的徐工告诉我，因为它现在的做法省略了最后一道工序——烘焙。以前的做法是，炒完之后，再用低温的火慢慢地烘焙，这样茶就又鲜又香。碧螺春现在的名气太大，很多人跑到太湖的东山和西山看茶农炒茶，一炒完立即就买走了，根本来不及烘。我在信阳考察时，发现现在还保留这一道慢火烘焙工序的是信阳毛尖，炒完之后以慢火烘制，既能进一步去除青草气，也能提升茶的香气。


人类对茶的认知和最初的目标，是要保留它的活性物质，维持它的绿色。芽头很嫩，做出来的茶也很绿，我们就认为它很有活性。唐宋时期，用来做贡茶的，全部是采摘嫩嫩的芽头。

朱元璋是中国茶的革命家。他是农民出身，认为唐宋宫廷的饮茶法过于繁复，制茶更是劳民伤财，就不准制作团饼茶了，倡导用民间散茶的泡饮法，叫"废团改散"。

这个事件最大的作用是促进了民间喝茶的普及，喝茶的量上来了。在消

费诉求下，茶的采摘由芽头加上一片叶子，变为一芽一叶。加了这片叶子之后，杀青的难度就上来了，那怎么办呢？贴着锅压扁它，让它均匀受热，又不能炒焦，又要彻底靠高温来钝化活性酶，这就是扁形茶的真正来历，西湖龙井就是这种做法的典型代表。

也因为加了这一片叶子，茶的内含物更丰富，喝起来就更香更饱满了。纯芽头的茶是追鲜，一芽一叶的茶，香味就上来了。从碧螺春到西湖龙井，是从追鲜文化到追香文化转换的标志。

再往后，喝茶的人更多了。于是再尝试更成熟的叶片，一芽两叶、一芽三叶、一芽四叶……这样，任务就交给了乌龙茶、红茶和普洱茶。

随着资源的利用率越来越高，它的苦涩度就越来越大，碰到的挑战难度也相应更高了。从碧螺春到西湖龙井，是从唐宋以来的追鲜走到了追香的阶段，也促使了乌龙茶和红茶的诞生。中国茶在挑战成熟的过程中，形成和完善了六大茶类的制作技艺，人类可以游刃有余地对待这片叶子。

## 烘青绿茶可以弥补炒制杀青的不足，通过烘烤进一步把茶"杀透"。

烘青绿茶产自安徽的比较多，当地就把这类茶直接叫作烘青。烘青绿茶典型的代表有黄山毛峰、太平猴魁、六安瓜片。

烘青绿茶有两个好处，一是杀青以炒和烘相结合，分段设计完成，产量容易提高，稳定性较好；二是降低了人工成本。

在我走进太平猴魁的核心产地——太平湖的猴坑之后，我更加明白徽茶了。安徽黄山地区的茶都有一股徽韵，像安徽人的性格一样，知书达理，文质彬彬，这跟那一带的天气有很大的关系。

徽茶主产地在黄山一带，地处北纬 30°黄金产茶地带。到了春天，那里每天都是雨蒙蒙的。采茶工采下来一筐筐的鲜叶，所有的叶子都带着露水。这些湿度很高的鲜叶对炒制是非常大的挑战，摊晾完，水汽还是很大。当地的做法是先炒制杀青，再理条压扁，然后上烘炉烘干。

太平猴魁做成扁条形是有原因的，一来是压扁了可以烘透，二来是造型大条、别致。太平猴魁的香气没那么浓，但它的味道比较醇厚。烘青绿茶走的基本都是醇厚的路线，这是安徽人根据地域和气候特点做出的选择，通过加强烘烤钝化活性酶，这种特别的让杀青透彻的方法也让这片叶子形成了特殊的芳香密码。

▶  1. 太平猴魁的采摘标准是一芽两叶，采摘后及时摊晾；2. 杀青是太平猴魁的重要工序；3. 用手掌把茶青沿锅壁下压，尽可能杀青杀得透一点；4. 整理炒过的茶青，进行造型；5. 压过之后，茶叶形成独特的扁、平、直形状；6. 烘茶，进一步干燥

|   |   |
|---|---|
| 1 | 2 |
| 3 | 4 |
| 5 | 6 |

再来看烘青绿茶中比较特别的六安瓜片，它是世界上唯一的单叶片绿茶。

《红楼梦》中多次写到了六安茶。其实，六安这个地方一直都产茶。它的产茶历史很悠久，明朝文献中已经有记载。六安茶真正出名，还是因为有了六安瓜片。当年，六安这个地方有一个做茶的人，是袁世凯的远房亲戚。袁世凯做了大总统之后，这个人想巴结他。送什么好呢？就送家乡的土特产，也就是茶。

过去送茶都是送最好产区用芽头做的茶。但袁世凯是一个很会喝茶的人，口味也比较重，送芽头做的茶，他喝起来肯定是不过瘾的。这个做茶的人很有想法，设计了两个目标：第一要让他过瘾；第二还要做到稀缺珍贵。

他的做法是把茶树上整个一枝掰下来，只取嫩芽后面的第二片叶子，用单叶片来做。第二片叶子有一定的成熟度，但又带有鲜嫩的部分，滋味厚重而不失鲜美。只取第二片叶子，很特别，稀缺性也做出来了。六安瓜片就成了中国茶里面唯一的单叶片绿茶。

第二片叶子成熟度高，内含物质丰富。问题在于加大了杀青的难度。他发明了用两个锅炒，先用生锅炒（是安徽一带炒茶专用的锅，生锅与熟锅的主要区别是锅温不同），炒软了，再放到熟锅里面继续炒。炒了两次之后，杀青还是杀不透。怎么办？

要想杀透，还是得靠加强烘焙来实现。六安瓜片与其他烘青绿茶相类似，也设计了三步烘焙法，第三步的拉老火特别壮观。拉老火是一种传统工艺，场面令人惊异。18块砖头围成一圈，中间竖放木炭，点火之后，明火马上冲了上来。为什么要用这么高的温度烘？这是一场博弈，是对高温定型的挑战。

拉老火时，茶装入焙笼，两个人抬一个焙笼，两组人或三组人轮换着烘。把一笼茶抬到明火上放下，马上抬起，走到一侧快速翻动，火温很高，不翻动就烤焦了。翻完再移过来烘，烘完再翻，手脚并用，几个人配合得十分默契，像跳舞一样。

烘茶的劳动强度很高，我去尝试了一下，走了十多次就不行了。而要烘完这一笼茶，差不多要走 150 次。一直要烘到茶上起了一层白霜，这个白色的物质就是兴奋神经的咖啡碱。

拉老火的独特工艺成就了世界上最复杂的绿茶——六安瓜片。

六安瓜片是周恩来最钟情的茶。周恩来第一次喝到的六安瓜片是叶挺将军送的，他开玩笑说，这么好喝的茶，你现在才给我喝。一如六安瓜片经历烈火烘焙口感愈加醇厚，周恩来和叶挺的情谊在革命斗争的考验下越发深厚。叶挺将军牺牲后，周恩来就特别钟情于六安瓜片。

到了 1972 年，尼克松访华的时候，周恩来代表毛泽东送给尼克松的是母树大红袍，他自己送给基辛格的是六安瓜片。据说，周恩来临终弥留之际还让人泡了六安瓜片，闻了闻它的香气，才安然离去。

每年，我都会去云南的茶山很多次。在云南的每一天，几乎都是阳光灿烂，蓝天白云，空气中飘着晒青毛茶的香气。在景迈山，在易武，在冰岛，当地茶农都是以日晒的方式来处理炒过的茶。当我抬起头，看到太阳灼热的

66

光芒，对晒青的工艺有了更为深刻的认识。

　　普洱茶是云南大叶种，杀青的难度也很高，所以它的杀青也难彻底。当地人就利用比较强烈的日光对茶进一步干燥。日晒的温度不高，保留下来的活性酶还存在，可能处在半睡半醒的状态。晒干之后，毛茶做成紧压茶，里面的多酚类物质和酶发生缓慢反应，加上微生物的作用，这就是普洱茶的后期陈化过程。

## 晒青本质上不是杀青工艺，而是一种利用太阳能的干燥工艺。

　　这种晒青的方式对普洱茶来说又是一次美丽的意外，因为鲜叶中的大部分有效成分以及小部分的酶都保留了下来。如果以炒青、烘青的做法来对待普洱茶，那么，酶将彻底地丧失活力，普洱茶就跟普通绿茶没什么区别了。普洱茶特别的地方就在于，酶和水分都保留得多一点，为后期的酶促反应提供了余地。

　　我们喝到的晒青毛茶，就是普洱茶的原料。这种晒青毛茶如果直接压成饼，就是常说的普洱生饼。如果晒青毛茶拿去渥堆发酵，然后再去压饼，就是普洱熟饼。

# 乌龙茶

乌龙茶的工艺特征是做青。做青是怎么来的呢？非常好玩，它是来自追兔子的故事。

传说有个年轻人，摘了一篓茶叶，回去的路上碰到一只兔子，他就去抓这只兔子。等他跑累停歇的时候，这只兔子也停下来等他。等他休息好再追，兔子又继续跑。就这么追一会儿，停一会儿。最后也没追到兔子，他只能失望地回去了。

然而回去之后，人们发现，他这一篓茶特别香。其他人采完茶都是赶紧回来，茶都不够香。而追兔子的这个人在跑的过程中，篓子里鲜叶跟鲜叶之间不断地碰撞，这个过程我们现在叫作做青（摇青）。他在停歇的时候，鲜叶静止，开始发酵。

茶为什么会发酵？因为前面没有杀青，一路上颠来颠去，破坏了鲜叶的组织，它里面的活性酶开始发挥作用。一边跑一边摇，停下来，茶开始发酵。

关于做青，我还有一个半夜打电话的比喻，大家印象比较深刻。

晚上12点，林志玲刚入睡，我打电话给她，我说："请问是范冰冰吗？"林志玲会很客气地回答："对不起，你打错了，我不是范冰冰。"接着她就继续睡觉。到了凌晨1点的时候，我再次打电话给林志玲，我问："请问是范冰冰吗？"林志玲耐着性子回答："我不是范冰冰，你不要再打了。"挂上电话，她又继续睡觉了。到了凌晨2点，我再打电话给她，依然很客气地问："请问是范冰冰吗？"林志玲已经有点火了："我不是范冰冰，你再打我要报警了！"然后她又去睡觉了。到了凌晨 3 点钟，我再打电话给林志玲，像什么事都没有发生一样，我说："请问是范冰冰吗？"林志玲这时再也忍耐不住了，怒火冲天。这时，我告诉她："对不起志玲，我是跟你开玩笑的。"

只有一次次地惹她，林志玲的火气才会越来越大。在茶上就表现为香气越来越浓，最后公布答案，也就是把最香的那一刻固定下来，这就是杀青。

很多时候，我们看一个茶的茶性，一是看它有没有杀青，再就是看杀青之前有没有对它进行干预。杀青之前对它的干预越多，这个茶可能就越香。

做青对乌龙茶来讲是最重要的工艺。看过做乌龙茶，你就会知道，做茶的过程中，人工干预对茶的影响非常大。

一竹篾的茶，不停地摇啊摇，这就是摇青。停下来休息两个钟头，这就是晾青。摇青和晾青结合，可长达 12 小时。最后会发现，茶的香气越来越浓郁，越来越迷人。为什么说很多茶师做茶很辛苦？因为他要不停地折腾这个茶。前半夜茶还不够香，到它最香的时候，往往到凌晨了。这个时候就立即杀青，把最丰满的香固定下来。

## 乌龙茶生产工艺

鲜叶→晒青→做青→杀青→揉捻（包揉等）→初烘→足火烘干

· 乌龙茶不同茶树品种的香气类型差别很大。

· 乌龙茶需要较成熟的鲜叶为原料，成熟鲜叶的芳香物质及香气前体物质很丰富。

· 晒青和做青促进了萜烯糖苷的水解和香气释放，长时间做青使青草气充分散发。

· 适度的氧化限制了脂质降解产物和低沸点醛、酮、酸、酯等成分的积累，加上青草气散发，所以成茶不显青草气，而显花果香。

· 大部分香气物质在做青过程中增加，在一定程度内，做青程度与香气成分含量成正比。做青也是形成乌龙茶与红茶香气差异的重要工序，橙花叔醇、酯类、芳樟醇氧化物、倍半萜烯类、顺－茉莉酮、茉莉内酯和苯乙酸通过晒青及做青即可大量形成。

· 嫩茎中的内含物通过“走水”输送至叶细胞以增进香气的形成。研究表明，嫩梗中涩感较弱的非酯型儿茶素含量是叶片中的 2 倍，而涩感较强的酯型儿茶素却只占叶片的 1/2。另外，不同叶片中茶氨酸的含量占干重的比例叶片与梗也不同，第一片叶 0.31%，第二片叶 0.42%，第三片叶 0.58%，梗 2.10%。走水是将梗脉中的成分流向叶片，使叶片中的氨基酸、儿茶素等组成发生变化，降低茶的涩感，为芳香物质的合成提供基础。

◀ 做青过程中要不停地闻香气的变化

做青、揉捻定型之后，乌龙茶还要进一步的烘焙。在烘焙进入高温过程中，茶叶与其他烘焙食物一样，都会发生美拉德反应，糖和氨基酸会进一步演变，使得香气更加丰满成熟，形成层次。如武夷岩茶有"岩骨花香"之美，就是做青与烘焙的完美结合，也是美拉德反应的精彩表演。

为什么给乌龙茶这么大的干预？因为中国人要让这一片叶子上位，在乌龙茶制作上实现花与果的审美属性，这是一个追香的过程，也是中国人茶哲学的最典型案例。

对于中国人如何做茶，西方人是不理解的。威廉·乌克斯在《茶叶全书》中是这样描述中国的做茶技法的："将叶子均匀地散在竹子编成的浅盘上，约12—15厘米厚，放在适当通风的地方，让风吹拂，并雇一个工人看守。叶子由正午摆到下午6点，然后就会散发出香气，接着把茶叶倒进一个个以竹子编成的大盘子，工人以手来回搓揉茶叶300—400下，这个过程称为去菁。就是这个过程让茶渐渐转熟，接下来茶叶被放到锅中烘焙；再倒入平坦的浅盘中揉捻，这揉捻的过程需要双手以打圆的方向来回揉300—400次；下一步是将茶叶再倒回锅中，并烘焙和揉捻三次。"

▶ 山路陡峭遥远，背篓里的茶颠来颠去正在摇青

他的描述非常机械，是亦步亦趋地把动作完整记录下来。至于为什么这么做，这么做对茶产生了什么样的作用，他并不懂。在外国人的哲学里，要么以不发酵为目的，立即杀青，变成 0；要么以全发酵为目的，不杀青，变成 1。中国人教会日本人做茶，告诉不要让它发酵，日本人就坚守不改，也就是现在的日本绿茶。然后英国人来偷学，只知道要全部发酵，他们也很坚持，这就是遍及世界的红茶。从 0 到 1 是怎么变的，他们搞不清楚，也许他们也不想知道。

而中国茶的做法饱含了无穷的变化，体现着中国人的哲学态度。中国人很早就有一本 EMBA 教材，来教我们做这件事，它就是《易经》。

## 半发酵茶就处在 0 到 1 之间，这是一种掌握度的艺术，也是适应变化的能力。

乌龙茶有四类：闽北乌龙、闽南乌龙、广东乌龙、台湾乌龙。

乌龙茶主要分布在东南沿海一带，福建占两类，一南一北，闽南乌龙的代表是安溪铁观音，闽北乌龙的代表是武夷岩茶，广东乌龙的代表是凤凰单丛，台湾乌龙的代表是高山乌龙。

每一种茶的诞生都是一次美丽的意外，意外之中，却又有冥冥注定的因素。茶的自然地域属性是上天安排的，茶的特殊工艺密码却是由文化地域属性决定的。

## ❖ 通过茶香看乌龙茶的区域属性

依据香气可辨别品种特征，还可以辨别区域性的香气特征，闽南乌龙、闽北乌龙、台湾乌龙、广东乌龙各有自己的地域性特征。大部分台湾乌龙发酵程度较低，香气柔和细腻；广东乌龙香气高锐，变化丰富；闽南乌龙以铁观音为代表，高档铁观音带有兰花香，香气清爽而持久，而现代制法会带有不同类型的酸味，作为闽南与广东之间的漳州产区乌龙则带有二者过渡的风格；闽北乌龙香气火功足、较沉稳，而闽北乌龙中佼佼者的武夷岩茶则香气深沉幽远、变化丰富，杯底香气浓郁持久，是一大特色。

每个产区的乌龙茶中还有核心产区与核心之外产区的差别，这是非常重要的。如安溪产区的铁观音与其他产区的铁观音，武夷岩茶之正岩与外山茶，高山单丛与平地单丛，在香气上皆有显著差异。凤凰单丛作为乌龙茶虽然总体上香气高浓，但相对而言，高山凤凰单丛香气高而细腻，多次冲泡，各泡表现平均，而且持久，稳定性好；平地单丛的香气比高山单丛更浓烈，但是香气带刺激感，不及后者细腻清爽，而且不耐冲泡，香气不够持久。

即使在核心产区内，由于各个山头的小环境——是否近水、向阳及背阳山面及土壤的不同而造成各个山头形成自己独特的品质风格，这也会在香气上有所表现，如"三坑两涧"（武夷岩茶正岩区）中牛栏坑的肉桂拥有独特的香气品质，而绿茶中西湖龙井的群体种狮峰龙井除豆花香外，还带有一些特殊的蜂蜜香。

此外，季节及采摘标准的差异对香气的影响也是非常显著的。铁观音春茶香气馥郁，其香气总量高，而秋茶香气高长且显花香，具有鲜爽花香的沉香醇、苯乙醇、香叶醇含量高，所以被认为品质更优。

比如凤凰单丛，它为什么会在潮州产生？这与潮州的饮食文化有很大的关系。

潮州菜是粤菜中的粤菜，一方面拥有最鲜活最丰富的海产和山产食材，另一方面又特别尊重每一种食材的天然属性。潮州人对待食材像对待一个生命一样，给予了极大的民主与自由。潮州人对待茶亦如此，凤凰单丛和工夫茶的演绎就是最好的印证。

在广东潮州，单丛有两类，一类叫凤凰单丛，生长海拔相对较高；另一类叫岭头单丛，生长海拔相对较低。前者有花香，后者有蜜韵。凤凰单丛以花香著称，组成花香的芳香物质是不稳定的，但花香却特别迷人。要留住花香，焙火要掌握得非常精到，过高则消逝，过低则不稳定。岭头单丛以蜜韵著称，要形成蜜韵，焙火要狠下功夫，在美拉德反应的作用下生成焦糖香物质，从而出现甜蜜香。

凤凰单丛由凤凰水仙群体种筛选而来。水仙本来不够香，在凤凰山种植之后，很神奇的事情发生了。当地茶师发现，一些山头的茶变得很香。把很香的茶树再种到别的山头，结果又出现了变化，诞生了一种新的香型。茶香，因此演绎得越来越丰富多彩。

凤凰单丛有成百上千的香型，其中，蜜兰香、桂花香、黄栀香、玉兰香、夜来香、肉桂香、杏仁香、柚花香、芝兰香、姜花香十大香型是最显性的代表。可以说，凤凰单丛是乌龙茶中追香的极致代表。

如何把这么多的香型区分开呢？当地人就设计了一套很细微的审评方

法，也就是我们常见的潮州工夫茶，其中杯小、壁薄、水温高是最关键的要素，主要目的是用来鉴定和区隔丰富而细腻的香型。工夫茶是把杯子烫得热热的，快速出汤，茶也要趁很烫来喝。这时候香气最好，可以识别出每一种香，如果茶汤温度低了，香就有损失。

潮州有位茶人，叫陈香白，是中国茶文化造诣很深的一位前辈，也是潮州工夫茶非物质文化遗产传承人。他的儿子陈再粦来上海拜访我时，我们讨论过一个问题：为什么潮州工夫茶是一个茶壶（或盖碗）配三个小小的杯子？

潮州工夫茶实际上是一套精密的审评法，是针对丰富而敏感的茶香来设计的。

我因此也赞同陈香白先生提出的：中国茶道、中国工夫茶、潮州工夫茶实质是三位一体的；当今潮州工夫茶是中国茶道的集中体现，现代茶道源于潮州工夫茶。

2013 年秋天，台湾茶叶考察之行让我对台湾茶有了更直观的认识，尤其对高山乌龙茶印象深刻。

在海拔 2000 米以上的高山还能种茶，这也许是世界上海拔最高的茶。台湾乌龙茶正是以高海拔著称，茶树生长在高山云雾之间，鲜度高，内质厚。我们在品台湾乌龙茶时，通常会有一致的感受：像台湾人一样，温文尔雅、客客气气的。

所谓高山云雾出好茶，是很有道理的。茶人茶小隐曾随台湾的《生活》杂志深度走访台湾的茶园，在《回到茶的初心》中，他这样写道："海拔越高，温差越大，云雾聚集也越多。茶树需要更漫长的时间才能成熟抽芽，内含物质自然也更加丰富，造成苦涩味的茶碱含量相对也比低山茶少。因此，高山茶香气细腻，口感圆滑柔顺，即使不大懂喝茶的消费者，也能轻易感受到这种区别……于是 80 年代后期至 90 年代，台湾的高山农垦兴起。种茶热潮由冻顶山滥觞，沿着中南部玉山山脉、中央山脉，不断向更高的杉林溪、阿里山、雾社、清境农场、梨山进发，直至海拔 2600 米以上的大禹岭。"

### 老罗吃茶语录

如果是出身高贵，定不会主动接受磨难历练，茶亦然。凤凰单丛生于高山，得先天之优，花香芬芳；岭头单丛长在低岭，受后天细焙，蜜韵晚成。花香蜜韵，单丛人生是也！

2013 年，我曾到台湾梨山考察，梨山是全台湾海拔最高的高山茶产区，海拔都在 2000 米以上，昼夜温差大，云雾缭绕，非常适合茶树的生长

东方美人是台湾茶的工艺属性代表，也许是世界上被命名最多的一款茶。

起初，这个茶被小绿叶蝉咬了，上面斑斑点点的，不大好卖。有个人就不甘心，拿这个茶去外地卖给不懂的人，结果真卖出去了。当地人不信，认为是吹牛，台湾话"吹牛"就是"椪风"，所以就叫"椪（膨）风茶"。

对于东方美人茶的来历，茶小隐在《回到茶的初心》中有更详细的解释：桃、竹、苗一带背风湿热，比高山产区更能吸引茶树头号害虫小绿叶蝉，茶农备受戕害，影响产量和品质。不知是哪位茶农想出办法，将被咬过的一芽两叶加重发酵，让它看上去不那么难看，结果竟然出现谁也意想不到的特殊风味。这种茶，有近似红茶的汤色和浓重口感，又有后来被称为"着涎香"的花果蜜香，层次丰富多变，送到台北竟卖出高价，回乡故得俗名"椪（膨）风茶"，意即吹牛茶。生性严谨的日本人则命名为"四分之三发酵乌龙茶"。

东方美人茶的学名叫白毫乌龙。这个茶被小绿叶蝉咬过后有一种特殊的香气，这种香气跟其他茶都不一样，有一股很别致的香槟味，所以它又叫香槟乌龙。后来，这款茶被赠送给了英国女王。由于它的发酵程度较高，有点接近红茶，有一种特别的香味。女王喝了这个茶之后，觉得特别好喝，当得知来自遥远的东方时，所以就亲自命名它为"东方美人"。

其实小绿叶蝉很小,我们肉眼一般都看不清。台湾茶叶烘焙理事会秘书长告诉我:我们可以通过仔细观察叶子有没有被咬过,来辨识这个茶是不是真的东方美人。

我辨识东方美人,还会看它有没有香槟味。我一直想象,这种香气可能是小绿叶蝉的唾液与噬咬的叶沿发生了反应之后产生的特殊物质。事实却并非如此。2011年春,华南农业大学的陈国本教授陪同我考察凤凰山时告诉了我真相:当小绿叶蝉叮咬茶叶之后,叶子会本能地释放出一种香气,吸引小绿叶蝉的天敌过来,把它吃掉。

东方美人与小绿叶蝉及其天敌构成了平衡制约关系:东方美人不是采取直接斗争手段,而是采取平衡抑制手段来保护自己,这就是一种生态智慧。

东方美人茶和小绿叶蝉

# 红茶

红茶是"墙内开花墙外香",是全世界最普及的茶。

正山小种是世界红茶的鼻祖,产自武夷山自然保护区桐木关。

武夷山自然保护区是东南沿海最大的一个自然保护区,大概有 5 万多公顷,是世界生物圈保护区,以物种多样闻名于世。我的朋友叶坚是蝴蝶爱好者,他告诉我说:有一种蝴蝶叫"金斑喙凤蝶",非常珍稀,被誉为"国蝶",排世界八大名贵蝴蝶之首。武夷山自然保护区就发现过这种蝴蝶。

国内外所有关于红茶起源的故事都会追溯到正山小种,纪录片《茶,一片树叶的故事》里对此也有介绍。一些喝过红茶之后很感动的外国人,都会来到中国,追到武夷山,到桐木关去拜访江元勋。江元勋正是正山小种第二十四代传人。

正山小种究竟诞生于什么时候? 2014 年我再次见到江元勋时,专门请教了这个问题。他告诉我记载下来的时间是 1568 年,也就是明朝后期的隆庆年间。

1568 年春天,正是做茶的季节,江西上饶铅山的一支部队来到了武夷山桐木关这个地方。这支部队爬上山来,已是衣着不整齐了。桐木关当地的茶农正在做茶,看到这些人也不知是不是土匪,就吓得慌慌张张全跑掉了。

人跑了,摘下来的鲜叶就放在那儿了。这些当兵的又困又累,于是躺在鲜叶上面休息。休整完,第二天,部队就走了。

这些茶农回家一看，原本碧绿的鲜叶都坏掉了。这些鲜叶原本炒过后就可以直接卖掉的。可现在，叶子变得有些发黑，上面都是些发红的印子。而士兵直接躺上面的更严重，已经完全变黑了。

叶子坏掉了，茶农舍不得扔掉，就想烘一烘，看能不能贱卖掉。烘干时用的是当地的马尾松，结果松木的烟味又吸进茶里，使得茶有一股烟熏味。这个茶不好看，又不好闻，在当地肯定卖不掉，他们就委托山下星村的人带到更远的厦门去卖。

没想到的是，第二年，星村的人又找了过来，说你再做一些去年那种茶给我，那种茶卖得蛮好的，比绿茶还要贵。于是正山小种就作为红茶诞生了。

红茶的工艺流程是萎凋、揉捻、发酵、干燥。它最重要的核心工艺是发酵，让里面的活性酶充分释放，促进茶多酚被氧化，茶多酚进一步的氧化产物分别是茶黄素、茶红素、茶褐素。

芽头多的红茶，茶黄素含量高一些，泡出来的茶汤是金黄的，就是所谓的"金圈"。粗老一点的叶子，发酵完之后茶红素和茶褐素多一些，茶汤偏深红色。

## ❖ 红茶生产工艺

鲜叶→萎凋→揉捻（切）→发酵→干燥

·萎凋过程中，青叶醇、芳樟醇、香叶醇等香气物质从糖苷中游离出来，而蛋白质、多糖也开始水解，水解产物提供了香气形成的先质。

·发酵过程，偶联氧化引起脂质氧化，氨基酸、胡萝卜素、亚麻酸等不饱和脂肪酸氧化降解形成醇类、酸类、紫罗酮等香气物质。

·糖苷水解在发酵阶段也得到加速。

·最后干燥，使低沸点的不良香气散发，而由于热效应，内酯及紫罗酮类香气增加。

·乌龙茶由水解作用产生的高沸点香气物质较多，而红茶由偶联氧化产生的脂质氧化香气物质较多。

明朝后期，恰好是海上丝绸之路很发达的时候，荷兰、葡萄牙等商队倒卖很多东西到欧洲，茶是当时对外贸易中非常重要的一种物资。厦门是重要的对外贸易港口，武夷山的茶贩运过来，主要是从这里出口到欧洲。

之前，这些商队也运了很多茶过去，基本上是绿茶。商船海运到欧洲，需要很长的时间。在潮湿且没有任何冷藏措施的海船上，绿茶一年半载后会变成什么样？绿茶以追鲜为目的，长时间运输使得鲜茶变为陈茶，丧失了最初的鲜爽。所以，像荷兰、英国这些欧洲人，他们也许从没有品尝过新茶的鲜味。红茶作为全发酵茶，即使存放时间长一些，品质也相对稳定。

欧洲人发现：与绿茶相比，红茶的浓度和强度都很高，他们就把平日饮用的鲜奶和刚刚从南美走私过来的糖加了进去，做成了口感香甜顺滑的奶茶。稍带苦涩的茶可能并不是每个人都能接受，但香甜的奶茶却几乎能够征服每一个人的味蕾。红茶出现之后，喝茶的人更多了，欧洲对中国茶的需求更大了。

作为调饮的基础茶，红茶确实比绿茶有更大的优势。因为经过充分的发酵之后，红茶里面的物质不一样了，浓度和强度都更适合调饮。现在我们做的所有调饮的茶，也几乎用的全是红茶。

在 17、18 世纪，乃至 19 世纪前期，"东印度公司曾经使用那些极为结实、粗短和笨重，被形容为中世纪古堡与库房的杂交产物的船只来运送中国茶叶"。这种船大概在 1 月从英国出发，在 9 月到达中国。而这个时候，中国的茶叶已经收获完毕，这些茶包括春茶和秋茶。到了 12 月，满载着中国茶的船只会启程返回英国。为了顺应风向，一般要绕行，顺利的话，会在第二年的 9 月抵达英国，如果不顺利，12 月甚至更晚才能到达。如此长的旅程，如果贩运的是绿茶的话，到达英国人的手中时，这些茶真不知道变成了什么样子，有一点是可以肯定的，那就是鲜味尽失。后来，东印度公司处理掉了这种笨重的船只，大概是在 19 世纪中期，他们开始使用快速帆船。最快的帆船从香港出发，97 天可以抵达伦敦。即便如此，绿茶漂洋过海到英国，同样也不新鲜了。不过，到这个时候，贩卖到英国的已经全部是红茶。

资料来源：罗伊·默克塞姆，《茶，嗜好、开拓与帝国》

在欧洲，最早称呼"正山小种"为"BOHEA"，"BOHEA"是武夷的谐音。武夷茶被认为是中国茶的上品，价格卖得最贵，很快成为中国茶的象征。红茶的订单逐年增多，武夷山以外的地方也开始尝试做红茶。当时，85%以上的茶都冠以武夷茶的名义出口。为了与其他茶有所区分，桐木关的人就强调自己的茶是正山茶，有正确、正宗、优良之意。小种则是当地茶叶为小叶种，故名正山小种。

当时茶的出口分海路和陆路两个途径。海路从厦门港出发到欧洲，厦门话中"茶"的发音是"die"，于是就有了"tea"的发音。陆路是从广州出发到俄罗斯一带，广东话"茶"的发音是"cha"，于是就有了"cha"的发音。因此，全世界各国文字中"茶"字以"T"和"C"开头分别表证了海路与陆路的传播途径，也是"一带一路"的重要印记。

### ⊞ 茶的发音

茶（cha）

Cha（陆路传播）→ qia（日本）、cha（伊朗）、chai（阿拉伯）、chay（土耳其）、chai（葡萄牙）、chai（俄罗斯）

Tey（海路传播）→ tea（英国）、the（法国）、tee（德国）、te（西班牙）、te（意大利）、thee（荷兰）、teh（马来西亚）

资料来源：王岳飞、徐平，《茶文化与茶健康》

◀ 桐木关做正山小种的"青"楼，"青"楼乃处理茶青之楼

正山小种是为海外贸易而生的茶，它促进了中国茶外销的繁荣，也带动了中国茶的规模化生产。

之后，福建的宁德、政和，以及安徽的祁门等地也开始生产红茶。红茶的加工技艺逐渐完善，最终形成了为大量出口而生产的工夫红茶。

红茶有三大类，一类叫小种红茶，正山小种就是小种红茶的鼻祖；一类是工夫红茶，是中国占比最高的红茶；一类叫红碎茶，又叫CTC（切碎、撕裂和揉捻的简称），是切完了再发酵，或边切边发酵的红茶，国际上绝大多数的红茶都是CTC。

目前，全世界的茶叶总产量中70%以上是红茶，而且70%以上是袋泡茶。只有在中国，仍然保留着最多样化的传统文明生产方式和消费方式。

◀ 位于祁门红茶核心产区的有机茶园

# 白茶

白茶讲究天然纯粹，人类尝试用最少的干预来对待这片叶子。

我前年收到一款白茶，是冲霄转赠的白牡丹，用一个小纸盒子装了 5 袋，包装很朴素。这款茶又纯又鲜，让人感受到纯粹和干净，我非常感动，要求冲霄一定要带我去认识这位茶师。后来，在福鼎太姥山的白茶小镇，我见到了方守龙，他与我遇见他的茶时想象的一样。

方老师为人低调谦和，我相信他深谙白茶的精髓，他的作品体现了东方极简美学。他告诉我：白茶，即是用太阳的能量制茶。

说到白茶，很多人会误认为说的是安吉白茶，但安吉白茶多了一道杀青工序，所以它不是白茶，而是绿茶。

**判断一款相似的茶是绿茶还是白茶，主要是看是否有杀青，白茶是不杀青、不揉捻。**

安吉白茶明明是绿茶，为什么叫白茶呢？因为长在安吉这个地方的茶有个很特别的现象，芽头长出来的时候，会发生白化，嫩嫩的，鹅黄透明。炒过之后，成茶是黄白色的，所以以外观色泽取名为安吉白茶。这种叫法跟依据茶多酚的氧化程度来分类是不一样的。

白茶诞生于太姥山，这是方守龙的有机茶园

## 白茶生产工艺

鲜叶→萎凋→干燥

白茶的传统工艺分萎凋和干燥两个工序，萎凋是白茶工艺的灵魂所在，直接决定着白茶成茶的品质。

萎凋一般是在一定的温度、湿度和通风的情况下进行的，伴随着叶片水分的蒸发和呼吸作用，叶片发生缓慢的水解氧化，促进茶叶挥发青草气，散发出甜醇的萎凋香。在萎凋过程中，糖类物质进一步降解成有机酸，酯型儿茶素转化为非酯型儿茶素。果胶水解，果胶酸含量增加。蛋白质水解，氨基酸含量增加，形成白茶鲜爽甘甜的滋味。

白茶萎凋的方式有三种：室内自然萎凋、加温萎凋、复式萎凋。

室内自然萎凋是指在室内环境中进行摊晾。环境要求是干净清洁，四面通风，无日光直射，防止雨雾的侵入。先对鲜叶进行分类，区分开老嫩叶片。鲜叶摊放于水筛上，萎凋七八成后，叶片由浅绿转为灰绿，青气散去，拼筛后继续萎凋，达到九成时，下筛剔拣。自然萎凋有温度和湿度要求，一般春茶室温在18℃—25℃，相对湿度在67%—80%；夏秋茶温度在30℃—32℃，相对湿度60%—75%。萎凋历时52—60小时。

加温萎凋是指通过管道加温或在萎凋槽加温进行萎凋。春茶季节，遇上阴雨天气，无法自然萎凋，需要加温萎凋。加温萎凋能够使生产摆脱天气条件的约束，缩短白茶加工周期，提高生产效率。

复式萎凋是指将日光萎凋与室内自然萎凋相结合的萎凋方式。在清晨或傍晚日光微弱时将鲜叶在阳光下晾晒，待叶片微热时移入室内进行自然萎凋。如此反复2—4次。这种方法利于水分蒸发，增加茶汤的醇厚感。

白茶之所以喝起来很鲜，是由于氨基酸含量比较高。据《中国茶叶品种志》刊载：福鼎白茶一芽两叶干样氨基酸含量约为 3.5%，茶多酚 25.7%，儿茶素总量 18.4%，咖啡碱含量为 4.3%。白茶还有另外一个特点是适宜陈放。2009 年，中国疾病预防控制中心营养与食品安全所韩驰教授出具的一份数据显示，2006 年和 2008 年生产的白牡丹内含物质变化不大。茶多酚从 18.3% 变为 18.2%，基本无变化；儿茶素总量 8.6% 变为 7.4%，茶氨酸 1.6% 变成 1.3%，茶多糖不降反而略升，由 2.6% 变成 2.7%，咖啡碱没有变化。

　　资料来源：白堃元、虞富莲、杨亚军、方嘉禾编，《中国茶叶品种志》

白茶，日光晾晒而成

白茶的特征工艺是萎凋。怎样理解萎凋？还是以一把青菜为例。买了一把青菜，本来打算晚上回家炒了吃。后来有事去外面吃了，这把青菜就随手搁在了地上。晚上恰好有风，吹得它打蔫了。第二天看这个菜，半干不干的，也没有烂，这就是萎凋。如果让风继续吹干，或者放在阳光下，晒到干透，这就是完整的白茶工艺了。

在六大茶类中，从头到尾都不杀青的茶有两种，一种是红茶，一种是白茶。其他茶或早或晚都要经历杀青。由于没有杀青，也没有揉捻，白茶里面的活性物质就保留得非常多。喝白茶，最大的感受是鲜美，像鸡汤一样，鲜得不得了。茶汤看起来很淡，喝起来却很醇厚。

白茶主要产自闽东一带，有福鼎白茶、政和白茶。白茶的分类是按照原料级别来划分的，有白毫银针、白牡丹、贡眉和寿眉。纯芽头的就是白毫银针，一芽两叶的就是白牡丹，一芽两叶至三叶就是贡眉、寿眉。白毫银针只产于清明前，所以产量稀少。

从这几年开始，很多人喜欢上了白茶。它未经杀青，保留了酶的活性，而且适于经年存放。白茶有"一年茶，三年药，七年宝"的说法。

老白茶比较多的是寿眉。寿眉是偏粗老一点的叶子，刚开始做出来没那么好喝，就放一边了。随着陈放，白茶中的内含物质不断转化，茶多酚被氧化，纤维素在水解，到一定年份之后，粗老的叶子喝起来就不苦不涩，而是变得甜滑醇厚了，更像是喝汤。在广东饮早茶，最初给我的记忆就是每家餐厅都有寿眉和菊普，非常普通但很解油腻。

叶子掉在地上之后自然风干，得到的就是白茶。现在有很多地方还是这么喝茶的，包括其他的叶子、花，自然干燥后用来泡水，其实都是白茶的做法。

白茶是最接近于原始的茶，在绿茶出现之前，人类饮用的茶很可能就是白茶。关于白茶的起源，李博在《古老又鲜活的茶》一文中这样写道：

"茶学界对白茶的起源一直存在争议。孙威江教授归纳为'远古说、唐朝说、明朝说、清朝说'。笔者从考证的角度，支持明朝说。但是，如果从推理的角度（因无法提供文字和实物等证据），笔者更倾向杨文辉教授的'远古说'。如同我们知道的中药初加工方式一般，古代先民也是有意识地将鲜茶晒干保存，以备不时之需。他认为远古之茶'与现今的白茶制法没有实质性的区别，属于白茶制法的范畴'，并推断出'中国茶叶生产史上的最早发明是白茶'。古人这种用晒干方式制成的茶，我们不妨称为'古白茶'。

不同的是，杨文辉教授认为茶（古白茶）最初是作为药用的，还成为祭祀天地神灵和祖先的供奉品、帝王贵胄享受的奢侈品、方家术士修道的辅助品。"

白茶的做法是尽可能地尊重这片叶子的天性，降低人工干预度。不干预，遵循自然，其实更是一种风度。

# 黄茶

黄茶自古有之，但历史上记载的黄茶与今天从发酵学的角度所指的黄茶并不同。唐朝颇负盛名的安徽寿州黄茶与四川蒙顶黄芽均因芽叶自然发黄而得名。

蒙顶黄芽是历史上的第一个贡茶。唐朝时期，蒙山茶主要是供应给首都长安。蒙山地处四川雅安，雅安有三雅——雅雨、雅鱼、雅女，因雨水较多，空气湿度大，做茶稍不注意，做好的茶会继续发酵。所以，蒙山茶在唐朝可能就属于微发酵的茶。而长安地处西北，属于黄河流域的上游，这里的饮食习惯是大鱼大肉吃得多，瓜果蔬菜吃得少。所以，喝一点发酵的茶，能够帮助肠胃消化，蒙顶茶因此非常受欢迎。

## 黄茶也许是做绿茶过程中的失误，是属于微发酵的茶。

中国的历史名茶，没一个是专家研发出来的。它们是历代人民用他们的智慧，反复尝试，不断试错、创新的结果。其实这就是我们现在讲的各种试验方法，方法不同，就存在无穷的变数，于是诞生了美丽的意外：做黄茶，是不小心捂住了，做错了；做乌龙茶，是不专心，做错了；做红茶，是没来得及，做错了；做白茶，是遗忘，来不及杀青，做错了。而这些"做错了"的东西又呈现出新的特点，又有人喜欢，于是就固化为一个新的茶类。

黄茶主要有产自四川雅安的蒙顶黄芽，产自湖南岳阳的君山银针，以及安徽的霍山黄芽。

君山银针和碧螺春很像，都是产自岛上，碧螺春产自太湖洞庭山，君山银针产自洞庭湖上的君山。岛上的茶会很鲜，因为周围都是湖水，水汽蒸发，烟雾缭绕。而茶喜欢漫反射光，茶氨酸合成的就会多一些。

君山银针最大的特点是鲜，又因为是微发酵的茶，滋味醇厚。鲜爽而醇厚，是优质黄茶的特点。

### ✿ 黄茶生产工艺

鲜叶→杀青→闷黄→干燥

杀青：通过杀青，茶叶中的活性酶被破坏，生成一定数量的香味物质。

闷黄：是黄茶具有黄叶黄汤特点的关键性工序。在闷黄过程中，通过水解作用，形成氨基酸和芳香物质。

干燥：黄茶的干燥分几次进行，温度相对其他茶类较低，以保持它低沸点的芳香物质不被挥发。

▶ 蒙山的湿度特别高，长年都是湿漉漉的，台阶上长满了苔藓

# 黑茶

这十几年，茶叶的文化明星非黑茶莫属，先是普洱茶，再是安化黑茶。

黑茶有几大类，有产自云南的普洱茶，产自湖南的安化黑茶，产自广西的六堡茶，产自四川的藏茶。这些茶的主要原理都是后发酵，发酵时间比较长。

黑茶中最有代表性的是云南普洱茶，其后发酵包括了自然后发酵工艺和人工渥堆后发酵工艺两种。现在的科学研究已经表明，普洱茶之所以越陈越香，是因为微生物的作用。普洱茶的原料是晒青毛茶，它的杀青不是那么彻底，而且没有经过烘、烤，耐高温的真菌类微生物还附着在茶叶上，这些菌类非常复杂。

当晒青毛茶压制成饼、坨、砖等形状，伴随着酶促反应，微生物开始缓慢作用，改变茶的内含物质，形成各种芳香物质、呈味物质。如果说晒青毛茶阶段属于普洱茶的婴儿时期，压制成饼后，便进入幼年时期；随着微生物的作用，此后进入童年、少年、青年、壮年时期，每一个阶段都有不同的风味。

## ❀ 普洱生茶生产工艺

鲜叶→摊晾→杀青→揉捻→晒干→蒸压→干燥

摊晾：酯型儿茶素转换为非酯型儿茶素，降低苦涩味；低沸点化合物挥发，氧化生成部分香气物质；鲜叶内蛋白质水解，产生更多的游离氨基酸，增加鲜爽度；部分大分子脂溶性糖水解为可溶性糖。

杀青：大叶种茶含水量高，杀青时需要闷抖结合，让叶片失水均匀。高温快速钝化酶的活性，但不能杀得太过，保留一定的活性酶，以便于后期转化。

揉捻：破坏细胞组织，让茶汁及果胶等内含物质快速渗出。依据老嫩程度，掌握揉捻时间和力度，形成良好外形，整理条索。

晒干：揉捻好的茶叶在日光下晒干，最大程度保留了茶叶中的活性物质和有机质。晒青毛茶具有较大的表面细胞孔隙，利于发酵时散发热量。晾晒时间不能过短、过长。

蒸压：把晒干的茶叶用蒸汽蒸湿，放在不同模具里压成形。

干燥：把含水量控制到能安全储藏的含水量以下，一般普洱茶要求含水量在10%以下。

## ❖ 普洱熟茶生产工艺

熟茶是在生茶的基础上进行深加工，一般经过渥堆、拼配、成型、干燥、仓储等工序。

渥堆：渥堆的目的是促使茶叶快速发酵，实际上是一系列氧化、聚合、降解等化学反应。渥堆是对湿度、温度、时间等条件的把控，要让发酵一气呵成。如果发酵不足，普洱茶容易酸化劣变；发酵过度，又容易碳化，汤味淡薄。当然，渥堆只是普洱茶发酵的一个阶段，并非全过程。

拼配：依据茶区、种类、级别、季节、年限等进行拼配，原则是扬长避短、显优隐次、高低平衡。经拼配后，可协调各种内含物质的比例关系，让口感呈现最佳状态。

成型：压制成饼茶、沱茶、砖茶。

干燥：将定型后的茶进一步干燥，使含水量达到一定范围，以利于后期转化。

仓储：进入仓库，让普洱茶继续后期氧化。

◀ 普洱茶不断陈化，变成老茶

## ✤ 普洱茶与微生物的奇妙关系

微生物对于普洱茶品质的形成具有至关重要的作用，可以说，没有微生物，就没有普洱茶。

微生物的作用主要表现为两方面，一是促进普洱茶内含物质的转化，形成干滑、醇厚、陈香等特征；二是增强普洱茶的保健功效。

普洱茶在渥堆过程中，主要微生物包括黑曲霉、青霉属、根霉属、酵母属等。细菌数目极少，没有发现致病菌。其中，黑曲霉可以产生胞内、胞外两类霉，有20种左右的水解霉，可以水解多糖、脂肪、蛋白质、果胶等有机物。根霉属的淀粉酶活性较高，能够产生有机酸以及芳香物质，有利于提高普洱茶黏滑和醇厚的口感。青霉属能够产生多种酶类和有机酸，同时，产黄青霉代谢产生的青霉素能够抑制和消除杂菌、腐败菌，利于普洱茶醇和的品质。

总之，普洱茶是在微生物作用、酶促反应和湿热作用下，茶多酚氧化、缩合，蛋白质、氨基酸水解、降解，其他物质不断消耗、分解、聚合、缩合，一系列的化学反应有序进行，使晒青毛茶转化为色泽红褐、滋味醇正回甘、具有消脂降糖保健作用的普洱茶。

**资料来源：《微生物中的黑曲霉、青霉属、根霉菌、灰绿曲霉与普洱茶的关系》，中国普洱茶网**

法国学者让·鲍德里亚是当代研究消费心理的大师级人物。他的特别在于，最不理解他的人也要承认他的才华，最欣赏他的人也不敢说能读懂他的每一章句。郑也夫教授认为，鲍德里亚最有贡献的当属《仿真与拟象》所统摄的思想：当代人生活在拟象之中，虚拟之中。

鲍德里亚关于古董消费的论述常被引为经典："古物有一个独树一帜的心理学地位。……在古物的神话学中有两个面向：一是对起源的怀念，另一面向则是对真确性的执迷。……它们是日常生活的逃避，而逃避只有在时间中才最为彻底，也只有在自己的童年中才最为深沉。……所有的古物都是美的，只因为它们逃过时间之劫，因此成为前世的记号。"

## 黑茶是与时间赛跑的失败者，却最终赢得了胜利。

时尚只能在两个维度上寻找，一个是最新，一个是最旧，而后者比前者更稀缺。所以古董必将成为最大的消费时尚。

前几年由邓时海先生的著作《普洱茶》诱发的一场怀旧消费，将云南普洱茶推向了险峰，黑茶类因此从被遗忘的角落现身而出，以古董的身份成为时尚。如果依照鲍德里亚的理论，黑茶也将满足两个面向：一是对茶起源的怀念，二是对茶时间价值真确性的执迷。人们是因为这些茶逃过了时间之劫而迷恋，还是因为自己想在时间中选择逃避，我个人以为这是一场全社会的集体拟象。

## ⊠ 普洱熟茶是什么时候出现的？

熟茶的出现很晚，20 世纪七八十年代才有了相对成熟的技术。熟茶是传统工艺与黑茶工艺的结合，借鉴了六堡茶、安化黑茶的技术。通过洒水、渥堆等人工催熟，空气与酶发生氧化作用，茶色素快速转化，茶黄素转化为茶红素，再转化为茶褐素，颜色越深，说明转化越深，熟度越高。与茯砖、六堡茶相比，普洱熟茶的汤色最深。

做好的熟茶并不是就此停止了转化，在存放过程中，它同样会发生后期陈化。随着时间的推演，茶饼体积变大，重量变轻，微生物把有机物分解为无机物、水、二氧化碳。

关于普洱，有这样一种说法："熟得快"容易，"陈得香"难。因为催熟很简单，通过增加温湿度的物理方法、渥堆酶生物作用，加快茶叶的氧化即可，甚至可以加入氧化剂和酶促剂来强化氧化作用，但一个"陈"字，需要的是漫长的时间。

**资料来源：白马非马、杜鹃，《普洱茶陈化真相与秘密》，《普洱中国》**


## ⊠ 普洱茶为什么越陈越香？

饼茶、砖茶等紧压茶的发酵是非常缓慢的，尤其是在空气干燥的昆明、大理一带。只有湿度超过 60%，温度超过 15℃，黑曲霉孢子才会萌发，成为菌丝体。真菌类微生物以茶叶为养料，分泌酶类，让茶叶发酵转化。温湿度较高的春夏两季，菌丝活跃，而秋冬两季温湿度达不到，菌丝会休眠。在黑曲霉等真菌微生物的作用下，茶叶中的物质转化为醇类、酯类，即芳香性物质的主体。如此年复一年，普洱茶便越陈越香。

# 茉莉花茶

中国花茶以茉莉花茶最具代表性，你要是听到花茶，说的基本就是茉莉花茶。这个茶可能是很多人喝的第一口茶，小时候我最早喝到的茶就是老爸茶缸里的茉莉花茶。

记得上中学的时候，经过南昌茶厂，看到工人们在做花茶。他们把茉莉花倒在茶上面，然后拌匀。我们家里买回来的就是这个茶，茶叶里掺着干的茉莉花。那个年代，家家户户喝的大多是这种花茶。

后来我才知道，真正的茉莉花茶不是这么做的，传统的窨制绝对不是这么简单，它有一套完整的工艺。

我曾经把茉莉花与茶的相遇比作旷世奇恋，是因为它们的相遇需要长久的等待和融合。绿茶采于清明、谷雨前后，而茉莉花要等到六月之后才能开放，这中间的时间，绿茶要默默等待。茶与花相遇之后的热恋短暂而炽烈，最后花以凋零而成就茶的绝世奇香。

在骄阳下的茉莉花生长最旺盛，人工采摘非常辛苦。白天采回来后，未开放的花骨朵还需要养护。一直等到傍晚，等它开到虎爪形，便立即分筛，把微微开放的留下，没有开的骨朵不要，全开的也不要。因为茉莉花的特点是：开放的瞬间，香味跟着释放出来，这个时候是最香的。

之后，筛过的花与干茶拼堆，开始窨制。夏日的夜晚弥漫着挥不散的热度，白色的茉莉花与灰绿色的茶真情相拥，演绎一场无声的春夏之恋。

好的花茶条索紧细匀整，外形秀美，冲泡后叶片如花瓣在杯中起舞，舒展开的茶叶嫩绿或黄绿，泛着光泽。茶汤从绿逐渐变为黄亮，香气鲜灵持久，抿一口，滋味有淡淡的苦涩，但很快转变为甘醇。几泡之后，依然有茉莉花香。

或许可以这样说，冲泡是检验花与茶感情好坏的标准，越是好的茶，越经得起水的折腾和考验，几番洗礼之后，彼此依然不离不弃，依然能够用香气证明彼此的忠诚与坚贞。

▶ 酷暑难耐，却是茉莉花的采摘旺季，这样的装备可能是采茶工之最隆重的了

现在做到最多的是九窨，就是用九批鲜花来窨制一批茶坯，需要大概一个月。原福州茶厂的陈成忠老师是我认识的花茶大师。记得他当时做好九窨针王时，告诉我这款茶成了，让我试一下。这款茶太好喝了，它的香来得很自然，鲜灵度很高。这款茶我给很多朋友试过，每个人喝了都很感动，改写了他们之前对茉莉花茶的认知。茉莉花茶以绝世之香，实证了中国茶的技艺可以达到怎样的高度。

茶是有生命的，它的第一次生命绽放于枝头，并由技艺赋予；第二次生命则需泡茶人温柔地唤醒。泡茶时，茶艺师会告诉我们，第一道注水叫醒茶，为什么叫醒茶呢？其实就是告诉你茶叶的第二次生命。

整个做茶的过程，就是一片鲜叶不断失水的过程，这是它的第一次生命。这次生命有多么精彩，就要看做茶人的态度，看他是怎么理解这片叶子的，设计什么方法，把它做成什么模样。

当茶第二次遇到水的时候，复活过来，这是第二次生命的开始。我们在对待这片叶子的第二次生命时，要小心、细致地呵护它的绽放。因为这是它生命的最后一次美丽，它把最好的东西呈现出来，然后就沉寂了，湮灭了。

我以为，无论任何形式的茶道，即使是一次简单的茶叶冲泡，都可以成为对一片树叶有尊严的仪式，只要你相信：茶是有生命的。

# 茶香的演绎

中国茶从不发酵到半发酵到全发酵，所有的茶叶都能找到自己的香气位置。茶香的类型与发酵程度呈现一定的关系，随着发酵度的提高，茶香逐渐成熟。

　　鲜叶蒸汽杀青后，它是青草香；高温炒青之后，变成了板栗香；如果微发酵一下，它就出现了清香；再继续发酵，花果香就出来了；发酵度继续增加，变成了甜香、醇香；到了黑茶，就是陈醇香。

　　如果把茶的发酵比作一个女孩子成长的过程，那么，青草香是幼儿园娃娃，清香是小学生，板栗香是中学生，清花香是大学生，只要有了花香就进入恋爱季节了，有了果香，就意味着做妈妈了。之后，香气逐步成熟。到了陈醇香阶段，像是普洱老茶，历久弥香。

　　多数人的喜好选择会出现抛物线型，中间的花果香最受欢迎，像二三十岁的女性，正处在人生魅力的高峰期，所以受欢迎度最高。

　　为什么那么多人喜欢西湖龙井？它在绿茶的香型表中是最靠右的，高温炒制，板栗香更显成熟。其实，产地更好一些的西湖龙井，是能做出兰花香的。

　　关于茶香受欢迎程度，通过铁观音的转型可以有很好的理解。当年铁观

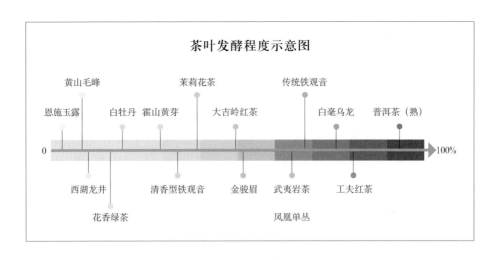

**茶叶发酵程度示意图**

黄山毛峰　　　茉莉花茶　　　传统铁观音

恩施玉露　　白牡丹　霍山黄芽　　大吉岭红茶　　　白毫乌龙　普洱茶（熟）

0　　　　　　　　　　　　　　　　　　　　　　　　　　　　100%

西湖龙井　　　清香型铁观音　金骏眉　武夷岩茶　　工夫红茶

花香绿茶　　　　　　　　　　　凤凰单丛

音之所以转向清香型，是因为安溪人发现：清香型处于浓郁花香阶段，针对绿茶，更具花香优势。传统浓香型铁观音的制作周期较长，通过焙火，会出现更成熟的果香、甜香。

茶叶的发酵程度不但与香气类型有很大关系，也决定了茶叶的冲泡学问。

我们拿到一款茶，不知道该用什么样的水温来冲泡它。这时，你可以想象，发酵程度越低的茶，当作年龄越小的女孩子，你需要更轻柔地呵护，所以设计的干扰度就越低，比如水温可以低一些，时间可以短一些。反之，发酵程度越高的茶，就当作成年后的女性，可以平等对待，干扰度设计可以尝试更重一些，比如水温可以更高一些，时间可以更长一些。

茶艺的演绎，除了表达对一片树叶生命的尊重，还是干扰度的设计，主要包括水温、器皿、时间，等等。

## ☒ 冲泡水温

绿茶对水温的要求低一些，85℃、90℃都可以。以碧螺春为例，它非常柔嫩，全部是芽头，就需要很轻的干扰度。所以一般用上投法，先把水加进去，再投放干茶。再比如西湖龙井，是一芽一叶，它的香气相对成熟一些，就用下投法。而像武夷岩茶、凤凰单丛，以及发酵重一点的铁观音，需要的水温就更高一些，最好在95℃以上。

## ☒ 关于润茶

细胞的破损程度及叶片内部组织是有效物质浸出的限速因素。大多是岩茶、铁观音等相对成熟的原料采用润茶的手法。成熟的鲜叶叶片较厚，加大了茶多酚从细胞内扩散到叶表的距离，细胞组织对茶多酚等类阻碍较强，而且讲究多次冲泡，所以较为适用上述机制；而鲜嫩芽叶制成的高级绿茶，加上揉捻、理条工序，细胞破碎率高，各类物质非常容易浸出，而且名优绿茶以鲜爽味作为指标，泡次要求不多，顶多3泡，若是洗茶过重，则会导致氨基酸流失，茶多酚更易浸出，反而可能使味道失去平衡。但绿茶中的六安瓜片，采用先注少量水浸润茶之后，再注满水的手法，与润茶有异曲同工之效。

岩茶等烘焙程度较高的茶叶，咖啡因"升华—结晶"于茶叶表面，高温润茶可洗去岩茶中的大量咖啡因，而保留大部分茶多酚、茶色素，氨基酸、糖类也相对损失较小，所以岩茶的润茶不仅仅能使茶汤滋味更加协调、耐泡，而且除掉大量咖啡因，可以免受喝茶不易入睡的苦恼。

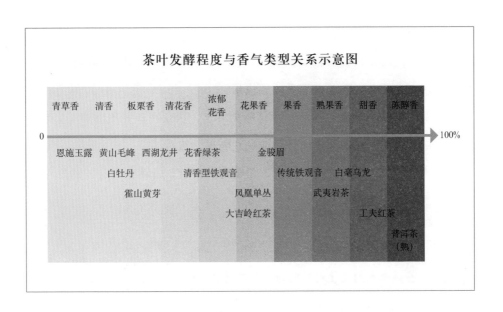

茶叶发酵程度与香气类型关系示意图

| 青草香 | 清香 | 板栗香 | 清花香 | 浓郁花香 | 花果香 | 果香 | 熟果香 | 甜香 | 陈醇香 |

0 ————————————————————————→ 100%

恩施玉露　黄山毛峰　西湖龙井　花香绿茶　　　　金骏眉

白牡丹　　　　　清香型铁观音　　　传统铁观音　白毫乌龙

霍山黄芽　　　　　凤凰单丛　　　武夷岩茶

大吉岭红茶　　　　　工夫红茶

普洱茶（熟）

我到了云南之后，发现武夷岩茶在那里喝有点浪费。有两个原因，第一是通常水温不达标，因为这边是高原，水再怎么烧，很难烧到90℃，沸腾了也就90℃多一点，很难到95℃以上。所以，需要高温才产生的香气，也就是高沸点的芳香成分出不来。使用铁壶和陶壶烧水可以解决这个问题，温度可以突破95℃。第二个原因是茶具通常不合适，因为云南人多爱用泡普洱茶的茶具，如粗陶呈撇口状茶具，香气或被锁住或流失了。

乌龙茶要泡出香，对杯子是有要求的：第一，要用束口杯，这样香气跑不掉，杯底香气浓郁；第二，材质的反射面大，香味才能被反射出来。如果是粗陶，表面积大，香气全部吸了进去，被锁住了，茶喝起来就不香。

普洱茶，特别是熟普，是喝味道的茶，对香的要求相对低一些，所以可以用这些粗陶的茶具，哪怕里面坑坑洼洼的，也没关系。通常喝这种茶也不太看汤色，大杯大口喝茶，享受体感快乐。

喝茶的审美诉求有两种：一个是味觉诉求，仅仅在口腔里面审美，这个以乌龙茶为代表。乌龙茶是"咻"地喝到嘴里，然后"哗"——香味就出来。一个是体感诉求，以普洱茶为代表，是喝到一定量，带动整个身体的反应。

## 老罗吃茶语录

茶能让我们恢复对时间的秩序及对自然的态度。

武夷山茶园

# 茶味感官学

日本人喝茶，是一小口一小口地抿下去，很优雅。但如果体验中国的工夫茶文化，喝茶是"咻"的一声吸进去，让茶汤在整个口腔里流转，然后再咽下去。这样喝茶可能没那么优雅，却能让整个口腔的味蕾都感知到茶汤的滋味，更易于分辨茶好不好喝。

你如果去武夷山喝茶，不会这一招不行，他们当地人喝茶全部都是"咻"的一声，你如果一小口一小口地抿，他们会觉得你太外行了，肯定不懂茶，只有接受学习的份儿。在武夷山喝茶，你要学会三个绝招。第一个就是这个"咻"的一声喝茶，靠吸力把茶汤吸到嘴里，以分辨茶的味道；第二招是喝完了茶，别人怎么问你，你什么都不说；第三招是喝完茶拿起叶底（泡过之后舒展开的茶叶即叶底），打开来再看一看，还是不说话。之所以喝茶、看茶、什么都不说，是因为一出口容易露怯。

当然这些都是好玩的小技巧。从根本上来讲，会说还是蛮难的。只有真正懂茶，才敢说，才能说到点子上。什么才是懂茶呢？只了解茶香还不够，我们还要知茶味。

喝茶的时候，闻香是第一步，如果茶够香，它就能把我们吸引住。但茶的味道好不好，则需要靠口腔中的味蕾判断。

香的作用是开启，它能够诱发我们的味蕾分泌消化液，让我们对眼前的饮品和食物产生吃下去的欲望。味的作用是巩固，如果香是够的，味能够强化我们的食欲。相反，如果味道不好，食欲就会大打折扣。

从国际感官学的角度看，味道的感知靠的都是舌苔上的味蕾。舌苔各个部分的味蕾敏感度不同，分工也不同，前面是甜味，中间是鲜味，舌底是苦味，两侧靠前的是咸味，靠后的是酸味。

怎么记忆呢？小孩子的天性是爱吃甜，总是伸出舌尖舔，以判断喜好和安全性，所以甜在舌尖上；鲜紧随其后在舌苔的中部。我们会说苦到底了，那肯定是在舌根。两侧呢？前面是咸，后面是酸，所以俗话说酸到牙根了。

2009 年，我去日本京都考察一家很有名的宇治茶厂，社长家世代做茶，到了他是第四代。可是他们的工厂也代加工咖啡，进到车间，技术人员就用感官学原理向我介绍如何品鉴咖啡，如咖啡的稠密度、味道的平衡度、口感是否醇厚顺滑等，而味道的平衡度，讲的是酸、甜、苦的协调程度。其实三大饮品：茶、红酒和咖啡，都可以用国际感官学的方法来学习认知。

## 老罗吃茶语录

爱情是香，婚姻是味。香是味的解放区，味是香的根据地。人生之美在于香与味的和谐。

我们的舌头上布满了小红点，这些突起物被称为菌状乳头。小蘑菇一样的菌状乳头上分布了很多小孔，味蕾就隐藏在下方。味蕾呈球状，由感知味道的味觉细胞组成。味觉细胞能够感知不同的食物，唾液中的食物进入味蕾，就直接与这些感味细胞亲密接触了。

一个人有多少味蕾？答案是因人而异。每个菌状乳头上有 1—20 个味蕾，舌头上的味蕾总数有 1000 多个。舌根处的环状乳头和两侧的叶状乳头上也分布着味蕾，软腭、喉咙里面也分布有少量味蕾，综合起来，每个人有3000—10000 个味蕾。

味觉细胞类似于神经元，当食物中的味觉物质出现之后，味觉细胞将之转化成电信号，传导给大脑的相关区域。味觉细胞的细胞膜上有一种特殊的管道——离子通道，味觉细胞中的味觉感受器控制着这些通道开关。当受到味觉刺激时，离子通道便会打开，产生神经电信号；当大脑接收到信号时，我们就产生了酸、甜、苦、咸、鲜五种感受。

味觉地图的概念是指，人的舌头某些区域对特定的滋味更加灵敏的现象——舌尖负责甜味，舌面负责鲜味，舌前两侧负责咸味，后两侧负责酸味，舌面后部负责苦味。这一概念起始于 1901 年，一位德国的科学家黑尼希（D.P.Hanig）写了一篇谈话记录，认为舌头的不同区域对某种特定的味觉更为敏感。其实，这并不是一个明确的科学结论。1942 年，哈佛大学的埃德温·博林（Edwin Boring）引用了这一看法，并把它写入了著作《实验心理学历史中的感觉与知觉》（*Sensation and Perception in the History*

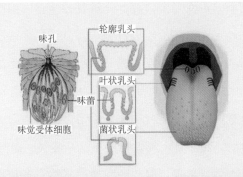

味孔

轮廓乳头

叶状乳头

味蕾

味觉受体细胞

菌状乳头

- 味受体细胞集中在味蕾中，上味蕾小部分在软腭、咽喉和会咽等处，大部分都在舌头表面的乳突中
- 味蕾的顶端是味孔，开口在舌头表面。每个乳头中有一个到上百个味蕾，每个味蕾中有 50—150 个味受体细胞
- 味受体细胞识别不同的味觉刺激并编码形成神经电信号，这些信号承载的味觉信息通过特殊的感觉神经被传送到大脑皮层，最终变成味觉感觉
- 胎儿几个月就有味蕾，味蕾在哺乳期最多，以后逐渐减少、退化。一般是从 50 岁开始迅速衰退
- 肠道也存在味觉受体细胞，从而调控食欲与进食量，影响消化吸收功能

*of Experimental Psychology*）。他认为，舌头上的几个区域分别只负责一种专门的味觉。之后，这种"味觉地图"的说法被广泛传播。

然而，事实上，"味觉地图"的说法并不准确。20 世纪 70 年代，美国的一位叫弗吉尼娅·科林斯（Virginia Collings）的生理学家进行了一次实验，她选择了 15 位志愿者，在他们口中分别滴加不同浓度的氯化钠（咸味）、蔗糖（甜味）、柠檬酸（酸味）、尿素和奎宁（均为苦味），看他们能够分辨出该物质的最低浓度。科林斯得出的结论是，舌头的每个区域都能品尝出这五种不同的味道，只是敏感阈值不同。

也就是说，我们的舌面乃至口腔，分辨各种味觉的细胞存在于每一个味蕾，凡是有味蕾的区域对味觉都能进行分辨，只是每个区域对一些味道更敏感一些。据科林斯测定，尝出的阈值是非常小的，我们生活中遇到的物质浓度一般都高于这个阈值，因而，在实际运用中，尝出阈值的意义不大。

茶的涩味是由茶多酚提供的，苦味是由茶多酚和生物碱共同提供的，鲜味是由氨基酸提供的，甜味是由糖类物质和氨基酸共同提供的。

茶好不好喝，主要是看提供鲜甜的物质够不够，鲜甜物质够的话，它会抑制住苦涩味。但是，导致苦涩的这两种物质也是好东西，没有苦涩的东西，这个茶喝起来是没有回甘的，就没有劲，喝起来平淡无味。但是光有苦涩，没有鲜甜的物质，这个茶就很难喝，喝完嘴巴全是苦的。

## 世间万事万物，平衡与协调是至高法则，好茶亦然。

关于茶的苦涩鲜甜，我经常以工作打比方。每天不停地加班，你会觉得很苦。加班还不算，老板还莫名其妙地骂你，你心里很委屈，这叫涩。而老板表扬你一下，你心里会很甜，就会把前面的苦和涩忘记了。

那鲜代表什么呢？有两种力量可以表征这个鲜：一个来自于信仰，对事业有信仰；另一个来自爱情，是出自生命本能的激情。信仰和爱情可以战胜一切苦涩。

人生如茶，是一样的道理。有一点坎坷苦涩，并非不好，是一段能够磨

砺人意志的经历。但是如果一直苦涩，没有感受鲜甜，人生又会非常悲惨。如果只有鲜甜，无须努力，一路顺畅，似乎又没有太多回味。所以有苦有甜，生命才有滋味，人生才够丰满。

茶的鲜味取决于氨基酸的多少，鲜是抑制苦涩最有效的因子。

味精呈鲜是氨基酸的贡献，茶也一样。茶叶里面含有多种氨基酸，其中以茶氨酸为主。

所谓高山云雾出好茶，是指高海拔的茶中氨基酸相对丰富。茶树喜欢漫反射光，上面最好有大树遮荫，或者有云雾遮挡，阳光稀疏照射，没那么强烈，这种情况下茶树更容易合成茶氨酸。

此外，高山上的茶树多栽在斜坡面上，白天有阳光照射，晚上太阳落山之后，它的土壤很快就冷却了。土壤的温度降下来之后，根部的呼吸作用减弱，叶子在白天合成的氨基酸就消耗得较少，茶氨酸就相对丰富，茶叶的鲜爽度更高，这就趋向好茶的属性了。

茶的甜味是由一批老茶带出来的。茶叶中的糖类分单糖、双糖、多糖，只有单糖和双糖能够喝出甜味，多糖是喝不出甜味的。

很多人喜欢喝普洱老茶，原因就是老茶喝起来甜滑通透。老茶的原料级别是不高的，普洱茶采到后面，大都是七级、八级原料，一芽三叶、四叶，甚至茶梗都在里面。粗老的叶子、茶梗含有很多茶多糖，陈化时间长了，就水解成为单糖和双糖。而呈苦涩味的茶多酚因被氧化而减弱，所以这时候再喝的话，不苦反甜了。

高山云雾出好茶

# 茶叶呈味物质示意图

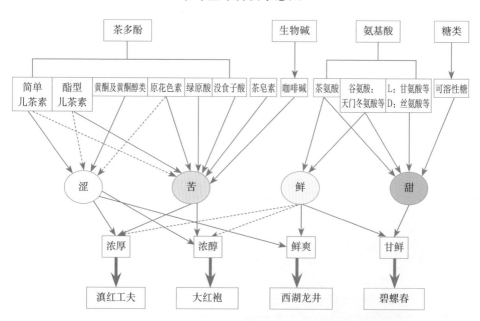

左图：咖啡碱是生物碱之一，味苦

中图：儿茶素是茶多酚的主要组成物质，味苦

右图：茶氨酸纯品为白色针状结晶，具有焦糖香和类似味精的鲜爽味

## ✕ 茶的"回甘"

对于神秘的"回甘",我们的古人就开始关注这种感觉,"望梅止渴"可以算作这一类体验。好的茶经常会带有"回甘",回甘的强度与持久性也经常作为评判好茶的指标。实际体验中,回甘与生津还经常联系在一起。这是一种比较神秘的体验,但不可否认回甘给我们带来愉悦的体验。相对入口立刻表现出来的甜味而言,这种"苦尽甘来"的后味更富戏剧性,也更多地与好茶品质联系在一起。

对于"回甘",目前也没有系统性深入的研究。

一说认为这是口腔的一种错觉,即"对比效应"。也就是苦尽甘来。茶汤中含有许多咖啡因、绿原酸、儿茶素等苦味成分。这些成分导致茶汤入口后,使我们感到苦味,但人的感官会自动调整以适应这种苦味。等到这些苦味物质入肚后,感官依然保留这种错觉,以至产生一种甘甜的感觉。但这种说法有几点说不通:一、如果仅仅是一种对比效应,越苦的茶应该回甘更明显,但实际并非如此,许多茶我们仅仅感受到锐利的苦味,却感受不到一丝回甘;二、在好的铁观音茶中,入口其苦涩感并不强烈,但是其回甘明显而持久。但我们也不能排斥这种感受的真实存在。如我们喝下苦味明显的茶汤之后,立刻喝一口白开水,会发现那白开水会变甜,这就是一种对比效应。也许这种错觉仅仅是造成回甘的一种因素。

一说认为是涩感转化的结果。茶汤中的茶多酚引起口腔的涩感。但涩感不会一直持续下去,当茶多酚苦涩味化掉时,收敛性转化,口腔局部肌肉开始呈现生津的感觉。

## 什么是好茶？市场存在这样的规律：百元斗香，千元比纯。

几百元的茶，主要是斗香味的，是把它的优点表现出来。几千元的茶，主要是比纯味的，那就是没有缺点，看谁做得更纯粹。上万元的茶，那肯定是又香又纯，而且极为鲜活。

乌龙茶在这一点上特别突出。乌龙茶是追香的，所以它的香很容易出来。一般的乌龙茶，泡法是快进快出，香味出来得快，又避开了它的缺点。上千元的茶是另外的泡法，会闷一会儿才出汤，它很纯，经得起时间的考验。上万元的茶层次就更高了。比如正岩大红袍，所有喝过的人都印象深刻，它除了又香又纯之外，到了新的境界——活。

茶的最高境界是活，喝下去，整个人都像被唤醒了，它不是流过口腔，而是贯穿了整个身体，唤醒了我们的灵魂。

很多人喜欢古树普洱茶，但是古树茶太复杂了，每个山头都在讲自己的故事。我曾将云南各个茶山的古树茶收集起来，通过比较发现，有四大山头的茶品质特征具有鲜明代表性：景迈至甜、易武至柔、班章至刚、冰岛至活。

冰岛茶为什么近年来这么受追捧至极？主要原因就是活，活是最难能可贵的品质。

其实，做茶做到没有缺点已经很不容易了，天时、地利、人和，每个环节都要力求完美，所以非常难。做到"活"，就更难了，除了天时地利人和的因素，茶本身也要有极高的天赋，需要具备独一无二的先天禀赋。

做好茶需要天时、地利、人和

茶是一片神奇的东方树叶

Cha is a magical leaf from the East

书香

*The history of Cha*

# 茶叶发明史

很多人会问，茶是怎么来的？

茶树本来是从云南迁移至江南、东南的一株植物。茶树一直都在，而茶叶的发明史其实是一片树叶的文明史。

关于茶的发现，有三种说法：神农说、达摩说、陆羽说。

这三种说法的侧重点不一样，神农说侧重于茶的解毒属性，达摩说强调的是茶的提神属性，陆羽说的意义在于固化了茶的饮品属性。这三种说法依次代表了人类对茶认识的不同阶段。

## 神农说

神农氏是中国传说中发明各种农作物的皇帝，我们把所有现在食用的粮食和果蔬的发现都归结到他身上。茶也一样，是他在尝食各种花草果实过程中的意外收获。

传说神农氏有一个水晶肚，吃下去的东西都能看得到。在试吃野草的过程中，神农氏不幸中毒，为了解毒又吃了很多其他的植物，结果发现有一株植物能够解毒，这就是"荼"，也就是现在大家非常熟悉的"茶"。

我认为，以神农氏为代表的远古先民在不断尝吃花草水果的过程中，不自觉地对能够吃的东西进行了分类：一类是补充营养的，包括两三个月就能栽种出来的蔬菜，半年或一年才能结实成果的粮食和水果；另一类是治疗疾病的，这些植物并不好吃，而且需要几年、十几年才能长成并具备功效，这些植物就是中草药。

　　茶这种植物就处在二者之间，身份多少有点尴尬。它虽可以充当蔬菜果腹，却因为苦涩而不可多吃；虽有解毒治病的功效，但与中草药比，疗效有限。所以，茶既不能补充营养，也不是治病之药，其实它是用来平衡营养的。

　　然而在古代，中国先民把茶归属为上天的恩赐，称之为"万病之药"。为什么会这样呢？因为当时医疗条件有限，这片叶子对所有的病好像都有一点功效，人们就以为它可以治疗百病。

　　神农说的结论是：神农尝百草，日遇七十二毒，得"茶"而解之。这里主要强调的是茶的解毒功能，即茶的药用价值。

## 达摩说

达摩原本是印度的一位王子，他舍弃了尘世繁华而入佛门，成为一代禅宗祖师。后来，他来到中国宣扬佛法，立志九年不眠，日夜修炼。他非常虔诚，认为经过这样废寝忘食的修行之后就能达到一定的境界。

修行到第五年的时候，达摩估计熬得太厉害了，忍不住开始打瞌睡，不一会儿睡着了。醒来后，达摩非常懊恼，一气之下把自己的眼睑割了下来，扔在了地上。地上就长出了一棵茶树。以后，达摩犯困的时候就吃树上的叶子，瞌睡就全跑了。

**达摩说很重要的一点是，讲的是茶与禅学的关系，是我们熟悉的东方美学——禅茶一味，二者密不可分。**

在日本，包括印度，都认为茶树是这么来的。而事实上，日本的茶，乃至日本的佛学，都来自于中国。

佛教是东汉时期从印度传入中国的。中国人很早就学会了"拿来主义"，拿来之后还会进行适合国情的改造，佛教同样经历了这样的过程。佛学史上最有名的一位僧人叫六祖，他写了一本《六祖坛经》，认为人人都有佛性，主张明心见性。他的很多论点深入浅出，佛教的传播变得更为容易。这本《六祖坛经》既是一本寺庙的管理手册，更是一本佛教的品牌手册。从此，中国有了最多的文化品牌连锁店——佛家寺庙。

从南北朝开始，佛教在中国开始兴盛起来，后世诗人杜牧曾感叹"南朝四百八十寺，多少楼台烟雨中"，可见当时佛教之盛况。唐宋时期，是佛教发展的高峰，同时也是茶文化的高峰，二者互相融合，形成了"禅茶一味"的东方美学。这种美学向邻国渗透，与各国的文化又有不同的结合，在日本，就成为茶道的滥觞。

唐宋时期，中国的经济和文化都极为发达。周边的很多国家就派人来中国学习，日本是其中之一。当时，日本是政教合一的国家，前来学习的使团中有很大一部分是精挑细选出的僧人。僧人们来到中国后，会入驻最好的寺庙。日本的僧人除了跟中国的高僧研习佛法，也学习中国的文化、礼仪、法律等知识。

从唐朝开始，僧人种茶、饮茶已是很普遍的现象。唐朝的时候，日本的僧人最澄把中国的茶籽带回了日本。宋朝的时候，日本的僧人来杭州的径山寺学习，把当时的点茶仪式带回了日本。

现在的径山寺仍然被茶园围绕，但规模远不如当年。传说中，宋朝时期的径山寺最盛时有1500多名僧人，许多是来自日本、高丽等邻国的僧侣，相当于现在名牌大学的留学生。

现在，日本的茶道依然保留了宋朝的点茶艺：把茶粉放到碗里面，然后用茶筅不断地击打，直至出现白色的浮沫。中国从明朝之后就以泡茶艺取代了点茶艺，日本却将这种饮茶方式完整地保留了下来。

## ✂ 日本茶道的形成

·唐朝：公元 805 年，日本僧人最澄从中国留学归国，带回了茶籽，种在了日吉神社附近，这里成为日本最古老的茶园。日本寺院与皇族关系密切，最澄将中国的煎茶艺传播到了宫廷，并在上层社会流行开来。日本开始种茶制茶，饮法上效仿中国当时的煎茶艺。

·宋朝：南宋年间，荣西禅师先后两次到浙江的天台山学习，除了研习中国的文化、佛法，还掌握了当时中国的种茶制茶技术，以及宋朝盛行的点茶艺。回国时，荣西带走了大量经卷和茶籽。荣西禅师把茶籽种在了今佐贺一带的春振山及山寺拇尾高山寺周围。荣西禅师还应宇治市的要求，派寺里的僧人明惠上人将拇尾茶移栽到了宇治，开创了宇治茶的种植史。

荣西禅师写了著名的《吃茶养生记》，根据在中国的见闻，讲述了点茶之法，在日本影响深远。自荣西归国后，饮茶之风在僧侣界、贵族、武士阶层十分盛行，茶园面积不断扩大，点茶艺是主流的饮茶法。

·明清时期：日本高僧村田珠光将禅与茶结合起来，饮茶有了一定的仪轨，日本的茶文化由此上升到"道"，成为一种艺术，一种哲学，富含禅意。

千利休在村田珠光、武野绍鸥的基础上，将草庵茶进一步深化，使茶道摆脱了物的束缚，升华到清寂淡泊的层面。千利休是日本茶道的集大成者，对日本茶道的形成起到了推波助澜、奠定根基的作用。从此，日本以寺院、茶院为中心，将茶普及到了日本社会的各个阶层，日本很多地方种植茶园，出产了很多名茶。

▶ 在日本，荣西和尚被奉为"茶祖"。2009 年，在日本考察时，我专门去参观了他的纪念碑

### ❖ 日本茶道大事年表

805年，从唐朝返日的最澄将茶树种子栽培于日吉茶园。

806年，空海从中国带回茶树种子及石臼。

815年，和茶有关的最古老记录——《日本后记》问世。

1191年，荣西禅师从中国宋朝带回茶树种子，后来写出了最早论述有关饮茶功效的茶书：《吃茶养生记》（1214年）。

1207年，明惠上人将茶树种子栽培于京都的拇尾，此为宇治茶之始祖。

1244年，圣一国师从静冈带回茶树种子，奠定静冈茶的基础。

1486年，茶汤会开始流行于武士之间，村田珠光在此奠定侘茶根基。

15至16世纪，千利休确立茶汤会的做法，日本茶也开始普及于平民百姓之间。

1654年，由明朝远道而来的隐元禅师传授沏茶法，在经釜锅翻炒后的茶叶中注入热开水冲泡即可。

## ✿ 千利休的故事

关于茶道大师们的故事很多，都是描述他们神圣而高尚的理想以及他们在"茶道"方面的影响。

当有人询问茶道大师千利休关于"茶道"的奥秘时，他回答说："善哉！'茶道'并无特殊秘密，只是如何使茶更好喝，如何在火钵中加炭来调节火候，如何摆放花草更合乎自然，以及如何使万物冬暖夏凉而已。"询问的人非常失望，接着问道："天底下谁不知道这些呀？！"千利休高兴地回答说："善哉！如果知道，去做就是了！"

有一次，千利休的儿子道安方在洒扫园径，千利休告诉他说："不要扫得太干净了，你再试试看！"过了一会儿，他的儿子回来说："工作已经圆满结束，我已经把路石、灯、树甚至苔藓统统冲洗、清扫了三遍，已经干净得光鲜照人，地上没有一片残叶。"千利休惊呼道："孩子！这可不是洒扫路径的正确方法，我演示给你看！"于是他走到园中，握住一棵长满金黄色树叶——充满秋色的枫树，摇撼树干，脱落的树叶散布在园中如自然天成，于是清洁美与自然美相互融合，这才合乎"茶道"的最高境界。

千利休曾经用心布置过一个优美的花园。"太阁"丰臣秀吉听说后想要前去观赏，于是千利休邀请丰臣秀吉饮茶。当"太阁"来到花园时，大吃一惊，因为花园已经荒废，满园无一花朵，唯有一片细沙。"太阁"非常愤怒地进入茶室，只见"床间"一个宋代花瓶中插着一枝牵牛花，它是整个花园的"皇后"。

资料来源：威廉·乌克斯，《茶叶全书》

### 老罗吃茶语录

日本的茶文化得到世界认可，大家最推崇的一定不是抹茶如何好喝，而是日本人对茶道仪式的讲究和尊重。一个民族也好，一个国家也好，一个人也好，只要不是处于温饱的初级生存状态，还是要履行一些仪式来表达对文化的尊重和传承。现代化的初级阶段最为混沌，旧的仪式被遗忘，新的仪式尚未诞生。

# 陆羽说

唐朝以前，茶的身份一直都不明朗，喝茶的概念也没有形成。

茶因为带有苦味，人们在食用时会添加各种东西，例如，盐、胡椒、姜、桂皮，等等。早些时期，饮茶风气的形成和传播非常缓慢。

到了唐朝，喝茶的人才渐渐多了起来；相反，把茶当菜吃、当药用的现象自然就少了。这种状况之所以会在唐朝出现，一定程度上说明了以中草药为基础的中医文明已经达到了某种高度，人们找到了更多更好的药物来替代茶的药用功能。

陆羽在公元758年改写了茶的命运，他是"茶"的缔造者。

758年，陆羽写了一本《茶经》，这是一部具有划时代意义的著作。《茶经》是世界上第一部关于茶的专著，因为这部书，茶才真正成为"茶"。茶字之前有很多写法，有茗、荼，等等。"茶"字就是陆羽定的，这是对一片树叶的重新定义。

在陆羽之前，茶的身份有些模糊，煮茶的时候，跟葱、姜、桂皮之类的一起煮，就像做汤一样。从陆羽的《茶经》开始，茶被独立出来了，有了固定的程式，煎茶变成一种仪式性的形态。

陆羽最伟大的地方在于，他把茶的饮用功能固化下来了，把它的食用功能和药用功能给弱化了。

# 茶叶的起源

茶叶在英国及英属殖民地流行之后，关于茶的起源引起了很多争议，其中主要有中国起源说、印度起源说、中印双起源说。

争议起源于一次意外的发现。19 世纪后期，英国植物学家在印度阿萨姆地区发现了野生茶树。由此茶树被植物分类学定义为阿萨姆种，也就是茶起源于印度阿萨姆。

中山大学张宏达教授是植物分类学的权威，特别是金缕梅科和山茶科的权威，仅山茶科，他就发现了 3 个新属 217 个新种，其中在山茶属中由他发现的新种达 146 个。他主持参与了《中国植物志》，获得 2009 年国家自然科技一等奖，这也是中国人第一次有了自己的植物家谱。张宏达教授在上世纪 80 年代深入西南产区考察，并从茶树的基因学入手，用充分的事实依据将世界茶树原种由阿萨姆种改为普洱茶种，从现代科学的角度奠定了中国是世界茶树原产地的地位。

茶起源于中国，现在已是毋庸置疑了。

研究茶史的沈冬梅博士曾发表过一篇文章，文中写道：浙江余姚的河姆渡文化挖掘出了茶树的化石，经检测是栽培型的，已经有 6000 多年了。这个化石的检测是由专业的机构来做的，有很多指标，其中重要的两项就是茶

张宏达教授是我的老校友，2007年我拜访他时，他已是94岁高龄，仍在投身研究工作

多酚和茶氨酸，都说明这块化石是栽培型的古茶树。

我见过的最古老的栽培型古茶树是在云南凤庆县锦绣村，有3200多年的历史了，它现在依然枝叶繁茂。我到双江的勐库大雪山两次考察了原生型古茶树群落，最古老的一棵有2700多年的历史。

我相信，茶是一株起源于中国的古老植物。无论从几千年茶的消费文化，还是现代科学的角度，都足以证明茶的中国起源说。

## 关于茶的三本书

对从事茶的人而言，《茶经》是避不开的一本书，它的位置在那里，名气也在那里。在中国，所有事茶者都尊称陆羽为"茶圣"。

我特别推崇的茶书是：《茶经》《茶之书》《茶叶全书》，因为这三本书在人类茶史上具有真正的原创意义。

这三本书代表了人类对茶的三大认知标记：以《茶经》为代表的自然标记，以《茶之书》为代表的文化标记，以《茶叶全书》为代表的科学标记。

陆羽的《茶经》前面已经讲过，它非常简洁，也非常精准，描述的是茶的出处和饮法。《茶经》体现着中国人对待茶朴素的哲学观，之后关于茶的很多著作基本延续了陆羽的风格，无论是宋徽宗的《大观茶论》，还是明清时期的《茶疏》《续茶经》，都没有质的超越。

《茶之书》也是很伟大的一本书，它很薄，字数也不多，但称得上是句句经典、字字珠玑，也是我赠送给朋友最多的一本茶书。作者冈仓天心是日本的一位文化大师，他对日本文化，乃至东方文化都非常精通。他受邀去美国波士顿美术馆工作，当时去的时候只带了一人一书，一人是一位助手，一书就是陆羽的《茶经》。

冈仓天心到了美国之后，于1903年至1906年间写了3本关于东方文化的书：《东方的理想》《日本的觉醒》《茶之书》，其中影响最大的就是《茶之书》，是关于茶与茶道的。在冈仓天心的笔下，茶不单单是一种解渴的饮品，它还是东方文明的凝结，一杯茶汤中，映射着复杂的社会心理、时代文明。

全世界的人之所以对日本的茶道充满尊重，相信《茶之书》起了非常大的作用，包括现在我们对茶的理解，以及台湾的茶道美学，都跟这本书有很大的关系。中国正在进行茶文化的重建和恢复，找回本来拥有却丢失的东西，这大概也是文明的一种轮回。

《茶叶全书》分上下两卷，作者威廉·乌克斯是一位美国人，曾担任茶叶杂志的主编。这套书出版于1935年，作者花了将近20年的时间，走遍了世界的各个茶区才编写出这套上下两卷的大部头茶书。

《茶叶全书》是真正称得上百科全书的一套茶叶专著，它从历史、文化、科学、商业等角度全面介绍了茶，尤其是它的科学和商业角度，令人耳目一新。

一直以来，中国人讲茶都是从文化学和经验学来讲的，喝茶的人讲茶文化，种茶的人则只讲经验。什么叫好茶，茶怎么喝才美，能将我们带至什么状态？这是茶文化。而经验学讲的是祖祖辈辈传下来的制茶方法，可能也不知道杀青与发酵的原理，只知道按照那几个步骤来就可以了。西方人对待茶却是另外的角度，他们会做生物化学的研究，也会做商业模式的探讨，这超越了中国传统茶学的局限。

《茶叶全书》对中国的意义是刺激了吴觉农。吴觉农被称为"当代茶圣"，曾担任国民政府农业部副部长，主管全国的茶业工作。吴觉农读到这套书后，就组织人把它翻译成中文，由此套书开始，他启动了中国茶叶的复兴计划，从国家政府层面开始推动茶叶的现代科学研究和贸易流通。1940 年，也就是这本书出版后五年，复旦大学开设了茶学专业，也是中国第一个茶学系。因为茶叶研究要与种植相结合，1952 年全国院系调整时就把复旦的茶学系并入了现在的安徽农业大学。

# 茶叶消费史

茶叶的消费即人类利用茶的成功模式，从古至今，各种各样的形式便构成了茶的消费史。

如今，茶叶被人类消费的形式是多种多样的，各国、各民族都有自己独特的饮茶形式。无论是清饮还是调饮，其实都源自中国，是中国人不同阶段的尝试和创新。

几千年来，中国人不断探寻新的消费形式，一些形式传播到其他国家和民族，被保留演化，新与旧的演替就构成了整个人类的茶叶消费史。

中国茶的消费史，可以划分为三大文明形态：煎茶艺，即唐朝古典主义演绎；点茶艺，即宋朝浪漫主义演绎；泡茶艺，即明清写实主义演绎。

这种划分方法来自冈仓天心的《茶之书》，我认为划分得非常精准，冈仓天心对茶的理解有一种宏观的高度。

## 煎茶艺

煎茶艺在《茶经》里面有详细的记载。唐朝生产的是饼茶，煮之前要先把茶碾成粉状，过罗筛，等到水二沸后，进行煎煮。可能煮出来的茶汤苦涩就像葡萄酒，不一样的酿造年份，标示出欧洲不同时期和不同国家的个别特点。茶，则呈现出东方不同文化传统的心绪。用来煎煮的茶饼、用来拂击的茶末和用来淹泡的茶叶，分别鲜明地代表中国唐代、宋代以及明代的感情悸动。在此且让我们借用已经相当泛滥的美学术语，将它们挂上古典主义、浪漫主义与自然主义的流派之名。

资料来源：冈仓天心，《茶之书·茶的饮法沿革》

味较重，多以香料和盐来调剂。

除了陆羽的《茶经》，法门寺出土的文物也是很好的例证。在西安的法门寺地宫里面，考古人员发现了一套完整的茶具，是唐朝的僖宗皇帝当皇子时供奉给寺庙的。这套茶具是银制的，非常精美。

创作于晚唐的《宫乐图》反映的也是当时喝茶的情景。这幅画很生动，可以看出当时喝茶的方式跟喝汤是一样的，用勺子舀出来，再在茶碗中添加调味料。

后来，唐朝的煎茶艺往两个方向传播流变。一个是流向了欧洲，像英国、荷兰这些国家，他们是把茶煮出来再加糖、加奶，变成了调饮茶；另一个流向是少数民族，他们是往煮好的茶汤中添加盐和奶，做成了西藏酥油茶、新疆奶茶、蒙古奶茶。

以汉族为主体的王朝继续往前探索，到了宋朝就出现了点茶艺。

## ▣ 中国贡茶制度

·唐：唐朝的贡茶制度有两种形式，一种是地方土贡，即朝廷选定茶叶品质优异的州定额纳贡，如常州阳羡茶、湖州顾渚紫笋茶、雅州蒙顶茶、饶州浮梁茶、宣州雅山茶、睦州鸠坑茶等。以雅州蒙顶茶号称第一，阳羡茶、顾渚紫笋并列第二。另一种方式是选择生态环境优良、茶叶品质突出、交通便捷的产区，由朝廷设立贡茶院，专门生产制作贡茶，即官焙。

当时，湖州顾渚紫笋经陆羽推荐而成为贡茶，朝廷考察后发现这里依山傍水，云雾缭绕，土质肥沃，交通便利，所产的紫笋茶"扑人鼻孔，齿颊都异，久而不忘"。于是，大历五年（公元 770 年），朝廷在湖州设立官焙，这是我国历史上第一家国立贡茶院。

贡茶院由当地"刺史主之，观察使总之"，属于中央直属单位，指派专门的官员管理，当地刺史也要协助工作，可以说规模宏大、组织严密、管理精细。

贡茶院有"房屋三十余间，役工三万人"，每年春天，到了生产时节，官焙周边张灯结彩，热闹非凡。刺史率百官行祭礼，带役工开山造茶，声势浩大。生产的第一批贡茶要快马运送至长安，让皇帝举行祭祖大典使用。

·宋：宋朝沿袭唐朝贡茶制度，设立官焙生产贡茶。湖州顾渚一带贡茶院衰落，福建建安官焙取而代之。北苑贡茶当时颇负盛名，"自南唐岁率六县民采造，大力民间所苦"。"官私之焙三百三十有六"。当时生产的茶压以银模，饰以龙凤花纹，精妙绝伦，称为"龙团凤饼"。龙团凤饼由大饼到小饼，再到小小饼，愈发精美，制作也更加讲究。成茶按质量分十个等级，依据官位不同分级享用。

宋朝的贡茶制度将中国的制茶工艺发展到了新的高度，茶的饮品属性和审美属性得以结合。

·明清：在元朝入主中原后，由于统治阶级对茶文化不太重视，官焙制度有所削弱。到了明朝，明太祖朱元璋出身寒微，体谅民生疾苦，废团改散，团茶被散茶取代，"惟采芽以进"。制茶法的改革直接导致了饮茶法的革新，泡茶艺取代点茶艺。进入清朝，中国的茶叶生产进入繁盛时期，市场化愈加明显，茶的产量也一再增加，明清均采取由唐朝中期设立的茶州定额纳贡制度。但到了清朝中后期，随着商品经济的发展，贡茶制度逐渐消亡。

资料来源：陈宗懋，《中国茶经》，上海文化出版社

唐宋时期喝的是绿茶，它不是简单的蒸汽杀青后压成的饼，尤其是当时的贡茶，工艺繁复到了极致的程度。

官焙是怎么做贡茶的呢？我看了很多的资料，发现一些史书上记载了湖州采茶的情形。在湖州长兴这个地方，产贡茶顾渚紫笋。春天采制贡茶时采茶工就有3万人，3万人是什么概念？我们现在在茶山上看到几百人已经觉得很壮观了，可以想象3万人一同采茶是什么样的景象。

为什么要这么多人呢？因为茶叶在春天刚刚发芽的时候，一冒出来就长得很快，今天还是芽头，说不定明天就是一芽一叶了。它最好的时候，是嫩嫩的芽头。那就要在这一天把它抢采下来。而且，茶园在半山腰上，东一棵西一棵，采摘存在一定的难度。采茶的时间必须是早晨露水刚刚蒸发掉的时候，如果阳光太强烈，鲜叶中的物质会损耗。所以一天中也就只有一两个最好的采茶时辰。要与时间赛跑，要克服采摘的难度，加之每天的采茶时机有局限，那只有投入大量的人力，派上万人去采，才能保证茶的质量和产量。

而所有种种，只为一个字：鲜。

唐宋时期的贡茶是相当奢侈的，茶厂是皇帝直接指派官员，采茶工人有上万人，做茶师傅有几千人，场面极为壮观。

这么多的人力物力投入，最后能做出来的茶也就几万饼。这几万饼茶进贡到宫里面，皇帝再去分，这个大臣表现好就赏赐几饼，那个嫔妃得宠，再赏赐几饼，太子、皇子、王妃，都会被分到几饼。最后皇帝留下来的，也就几百饼茶。

# 点茶艺

宋朝的玩法还要极致一些，它在这个茶饼上装饰了很多龙凤的花纹，叫"龙团凤饼"。再后来，这些茶饼做得越来越小，越来越精致，所用的原料也更加珍贵。导致的结果是，这些茶越来越鲜，越来越贵，甚至比黄金还要贵。像欧阳修就感叹，黄金易得茶不易得，好茶有钱都买不到。

这种做茶的方式也决定了喝茶的方式。点茶是把茶粉打成沫来喝，其实是吃茶。因为茶的氨基酸含量很高，非常鲜，吃下去是一点都不苦的。

宋朝点茶艺的审美高度达到了极致，但这并不代表宋朝所有的人都这么喝茶，而是说这是当时主流的消费方式。

整个上流社会都为美轮美奂的点茶艺着迷，甚至大宋的皇帝都直接参与其中，这个皇帝就是宋徽宗赵佶。宋徽宗不但亲自点茶，还专门写了一本关于茶的论著，叫《大观茶论》。这本创作于大观元年（公元1107年）的茶

《大观茶论》，宋徽宗赵佶作，成书于大观元年（公元1107年）。全书分20篇，对北宋时期蒸青团茶做了详细记述，分产地、采制、烹点、斗茶等篇目

论见解精辟、论述深刻，是一本非常专业的茶叶著作。

宋徽宗可能选错了行，他诗词书画茶，样样精通，他如果不当皇帝，一定是一位很优秀的艺术大家。可惜他做了皇帝，玩物丧志，把大好的江山都给玩丢了。

宋朝之前，茶具、餐具、酒具等一直是土陶制。从宋朝开始出现了建盏，它最大的进步是上了一层釉。建盏是黑色的，与点茶打出来的白沫相得益彰，更益于茶的审美。宋人的审美是有一定高度的，这个时代的作品具有一种永恒性，令后世无法超越。无论是建盏还是汝窑，都是在巨大的不确定性中诞生的，既是一种审美的必然，也是一种技艺的偶然。

我多次去福建的建阳考察建盏古窑遗址。所谓遗址，其实全是一堆堆未完成品及品质不达标品堆积而成的废墟，连成几座山，令人触目惊心。这说明，制作建盏的不确定性太高了，于千万次尝试中，选出审美达标者，每一个留下来的作品都是艺术品质极高的珍宝。

当年做汝窑时，宋徽宗指着天空说：雨过天青云破处。他要的是雨后天空的颜色。现在看宋朝的汝窑作品，温润耐看，干净唯美，是耗费了足够多的人力、物力才做出来的作品。汝窑考验的既是人类手工技艺的极限，更是上天赐予的运气。

宋时富庶，既不开拓疆土，亦不壮大兵力，却花费巨大的财力，进行一次次浩大而奢侈的审美，点茶艺、汝窑、建盏都是审美的具体表现。宋朝因美而衰落了。

### ✳ 建盏

产自建窑，是黑瓷的代表，为宋朝皇室御用茶具。宋朝点茶艺风行，斗茶之风兴盛，建宁一带不但出产名茶，如北苑贡茶，当地的茶具制品也颇负盛名。建盏色黑，恰好能映衬茶沫之白，故而建盏是当时上层社会公认的斗茶佳品。

赞颂建盏的诗词不胜枚举："忽惊午盏兔毫斑""建安瓷盌鹧鸪斑""松风鸣雷兔毫霜""鹧鸪碗面云萦字，兔毫瓯心雪作泓"。

建盏因铁含量较高，截面色黑或呈黑褐色，胎质厚实坚硬，叩之铿然有金属声，手感厚重略显粗糙。建盏以高温烧成，沙粒较多，胎内蕴含细小气孔，利于茶汤保温，满足了斗茶需要。

在建盏中，常见有兔毫、油滴、鹧鸪斑等不同形状的釉面。油滴盏是盏内有边界清晰的不规则结晶，非常珍贵。兔毫盏呈放射状结晶，《大观茶论》中如此评价："盏色贵青黑，玉毫条达者为上"。可见其十分难得。鹧鸪斑介于兔毫和油滴之间，同样是建盏中的少见珍品。

烧制建盏极为不易，因为釉厚，容易流动，而且曜变具有不确定性，所以烧制千万才能有一件较好的成品。据记载，烧制出没有起泡变形脱釉粘底等重大缺陷的建盏出成率不到百分之一，条纹流畅的褐兔毫盏不到千分之一，形制优美的银兔毫盏不到万分之一，而鹧鸪斑和曜变则是十万分之一、百万分之一才有的佳作。

## 🞣 汝窑

北宋后期主要代表瓷，是五大官窑之一。创烧于北宋后期，以汝白釉施注为主要特征，故名。汝窑是奉命烧造的瓷器，据南宋叶寘《坦斋笔衡》记载："本朝以定州白瓷器有芒，不堪用，遂命汝州造青窑器，故河北、唐、邓、耀州悉有之、汝窑为魁。"

汝窑采用南方越窑的釉色，同时吸收定窑的印花技术，釉中含有少量铁粉，在烧制中还原为纯正的天青色，且在烧成过程中由于胎、釉膨胀系数不一而出现不定数的缺陷，形成一种开片，多为错落有致的纹路，俗称"蝉翼纹"。

汝窑土质细腻，胎质坚硬，釉色温润，色泽有卵白、天青、豆青、虾青，以及葱绿和天蓝，以天青为贵，粉青为上，天蓝极为稀少，有"雨过天青云破处"之美誉。釉面有蟹爪纹、鱼子纹、芝麻花等。

在中国青瓷的发展史上，汝窑以工艺精湛、釉面温润、造型挺秀、高雅素净而独具风采，具有划时代的意义。明曹昭在《格古要论》中写道："汝窑器，出北地，宋时烧者。淡青色，有蟹爪纹者真，无纹者尤好，土脉滋媚，薄甚亦难得。"

宋朝的点茶艺传到了日本，发生了改变，点茶的方式不太一样了。茶进入不同的文化里面，会有一个适应和调整的过程。

2009 年，我去日本京都考察了一家著名的日本茶叶株式会社。社长家族世代做茶，有祖上留下来的茶室，社长夫人亲自为我们表演了日本的抹茶道。记得当时她把茶打好之后，奉给我的是黑色的茶碗，我看其他人的都是带花纹的。后来才知道，在日本抹茶道中，黑色是极为尊贵的颜色，是奉给主宾的。身份尊贵一点的，给茶碗的顺序也更靠前。

可能很多人会认为，主人是借庄严的仪式来表达对手中那杯茶的尊重。我更相信冈仓天心的定义："茶道是一种对'残缺'的崇拜，是在我们都明白不可能完美的生命中，为了成就某种可能的完美，所进行的温柔试探。"

▶ 日本的茶室一般建造在环境清幽的庭院之中

# 泡茶艺

明清时期的泡茶艺、制茶法和饮茶法一再简化，导致了茶类的高度异化。

明朝的开国皇帝朱元璋是农民出身，他觉得茶不能是宋朝的玩法，这个玩法太奢侈了。而且，他认为宋朝那种对美的追求是有害的，导致宋朝亡了国。于是，他把以前很多繁复的东西都简化掉了，饮茶的方式就用民间的，一把散茶拿水一泡就可以喝了。

关于朱元璋"废团改散"还有一段民间传说。徽六集团的曾胜春告诉我，当地有一个地方叫跌马石，朱元璋打仗时在这里落马摔伤，茶农救他回家后，给他喝了一碗热乎乎的散茶，让他恢复了元气。这件事朱元璋一直记在心里，启发了他后来大力推广散茶。

散茶的方式出来之后，杀青的方式也紧随其后发生了改变，蒸青绿茶被炒青绿茶所取代。结果就促进了中国茶的高度异化，乌龙茶出来了，红茶出来了，依据发酵程度的不同，分化出很多类别。

中国茶的多样性是从明朝中后期开始的，到了清朝，已经让人眼花缭乱了，中国茶现在的格局跟清朝差不多。

中国茶的种类多到什么程度呢？比如我们国茶实验室中的茶叶样品库，收的全是标准样。一种茶只收一个样，这个样叫标准样。铁观音的标准样，

我们是采了70多个样才确定出来的。单是一个铁观音的品类，就采了这么多。

中国茶的品类标准样有1000多个，再分散来说：第一，茶有1000多类；第二，一类茶会采自不同的季节；第三，这个茶还采自不同的山头；第四，茶会分不同的级别；第五，茶会交给不同的师傅来做⋯⋯如此说来，中国茶的多样性太复杂了，喝茶的人永远搞不清楚。而其实，我们只需要回到茶本身。

明清的泡茶艺一直延续到了今天，我们现在所有茶的审美还是泡茶艺的方式。泡茶艺有两点非常关键，它要求很纯粹，一是不能添加任何东西，二是要求喝茶很安静。西方人喝茶对这两点是没有要求的，东方人喝茶却要求很安静。之所以如此，是因为同类的茶之间的区隔很细微，只有专注、安静，才能分得清。

区隔的方法里面，最典型的代表是潮州工夫茶。想想看，山上有1000棵茶树，你能喝出它们的不同吗？如果用普通方法，估计只能区分出10种。只有特别的设计，才能区分出100种、1000种。

泡茶艺出现之后，茶具也相应的发生了变化，出现了紫砂壶、盖碗。盖碗是上加盖，下加托，寓意是上面有天，下面有地，人在天地间。茶是有生命的，在泡茶艺中，盖碗是很重要的一个标记。

## 少数民族的喝茶史

一直以来，朝廷对于少数民族的控制，一个是盐，一个是茶。

很长的一段历史时期，盐和茶都由政府专供，这两种物资是禁止走私的。朝廷安排专门的官员负责盐、茶事务，并制定了严格的专卖制度。

盐还好一点，少数民族有些地方有盐水湖、盐矿，可以获得一部分。茶是没有其他渠道获得的，高原寒冷的地方基本不产茶，只有官方单一的供应渠道。

时至今日，茶对于边疆少数民族的生活依然有着不言而喻的意义。比如产自云南大理的下关沱茶，它主要供给西藏一带的少数民族，属于战略性的供给。供给不到位的话，边疆的局势就会很紧张，藏区人民没有茶喝，日子就过不下去。罗乃炘告诉我，不管供给其他地区的茶价格涨了多少，下关茶厂供给藏区的茶是不涨价的，直到今天，下关茶厂销往西藏的紧茶还是每公斤18元的价格。国家对这一部分是有补贴的，因为茶不单单是茶，它还是特殊的事关边疆稳定的战略物资。

游牧民族的生产方式决定了他们对茶的高度依赖。游牧民族是追随着草场走的，哪里有新鲜的草，他们就跟着牛羊一起到哪里。等到一片草地吃完，又得去寻找另一处水草丰茂之地。这样的生产方式决定了他们的饮食结构以肉类、奶类为主，很少能吃到新鲜的瓜果蔬菜。

汉民族是有瓜果蔬菜吃，不喝茶也没关系。少数民族不喝茶则不行，七天不喝茶，他们就可能因维生素缺乏而得败血症，是会要命的。所以对他们而言，别的食物少一点没关系，但不能没有茶，茶是生存下去的必需品。而且，对少数民族而言，瓜果蔬菜既不容易获得，也不方便携带。为了补充人体必需的维生素和膳食纤维，少数民族找到了一种最经济最简单的替代方式，那就是喝茶。茶中既含有维生素，又能促进食物的消化吸收，可谓一举两得。

为此，紧压茶可能是最佳解决方式。紧压茶可以做成砖茶、沱茶、饼茶等各种紧压形态。这样做有两个好处：一是体积小，方便运输及携带；二是减少与空气接触面积，防止陈化。少数民族对茶的原料级别要求不高，带有茶梗也没关系，只要能保证茶里面的茶多酚、维生素、茶多糖等有效成分的最大存留即可。

### ❖ 历史上的"茶马互市"

唐朝是我国封建王朝的鼎盛时期，国力强大，社会开明，与周边少数民族的文化交流较多。唐开元十九年（公元731年），吐蕃向唐朝提出"请交马于赤巅"，开创了历史上首次"茶马互市"，赤巅即今青海的日月山。

唐中后期，饮茶的风气逐渐普及，这种风气也向少数民族蔓延，比如回鹘。据《新唐书·隐逸传·陆羽传》载："其后尚茶成风，时回纥入朝，始驱马市茶。"当然，这一时期，茶马交易还不是非常普遍，茶在少数民族中还是只有贵族才能享用的奢侈品，饮茶之风尚未在游牧民族中普遍形成。

随着"茶马互市"贸易的增多，茶叶在少数民族中愈加普及，由于西北少数民族以奶、肉为主的饮食结构，他们已经认识到茶叶对于促进消化、补充营养的特殊功效，对于饮茶有了一定程度的依赖，甚至到了"一日无茶则滞，三日无茶则病"的程度。

宋朝，茶叶的生产和普及较唐朝有了进一步的发展，"茶马互市"也更为频繁。而且，宋朝与其他少数民族的贸易往来，一直持续了两宋三百多年，无论是和平年代，还是战争岁月，贸易往来从未中断。据专家估计，当时宋朝生产的茶叶有一半是用来外销，以供给少数民族的需求。在宋朝，饮茶习俗基本在牧区的民间普及，茶是边疆少数民族的日常所需，这导致了藏区对茶叶需求量的激增。宋朝政府直接介入了茶马贸易之中，设立专门的茶马机构专程负责交易事宜。

明朝，汉藏之间的茶马交易达到鼎盛时期。明朝的边疆政策是："以其地皆肉食，依中国茶为命，故设茶课市场司于天全六藩，令以市马，而入贡者又优以茶布。诸藩恋贡市之利，且欲保世官，不敢为变。"茶成为明朝统治、笼络、牵制少数民族的重要物资。

清雍正十三年（1735年）虽停止茶马贸易，但却十分重视茶叶输藏，清廷放弃了对藏区茶叶供应的限制，使茶叶大量输入藏区，带动了汉藏贸易的全面发展。清代，除川茶外，滇茶也开始大量输藏。

从731年至1735年，"茶马互市"一共持续了1000余年。

资料来源：马金，《略论历史上汉藏民族间的茶马互市》，《中国民族》，1963年12期；张学亮，《明代茶马贸易与边政探析》，《东北师大学报》（哲学社会科学版），2005年01期

## ✂ 朱元璋为禁私茶怒斩驸马

茶法的推行始于唐朝，最初是吐蕃请求茶马交易，政府答应互换的初衷是增加国家的财政收入。到了宋朝，茶马交易制度日渐完善，从经济利益过渡到军事利益。明朝建国后，为打击元朝残余势力，也极为重视茶马法，努力以茶换取更多的马匹。

洪武四年（1371年），朝廷确定在陕西、四川进行茶马交易，并在今甘肃天水、临夏、临潭等地专设茶马司，管理茶马交易事宜。为了强化管理，以保证战马的输入，朝廷对"茶马互市"的管理极为严格，严谨茶叶走私，对违法者处以严酷的刑罚。

为了保证朝廷的利益，明朝的茶马交易是不公平的，"贱其所有而贵其所无"，故意压低马价，抬升茶价。一些商人看到了其中巨大的商机，不顾禁令，纷纷私下偷贩茶叶，甚至一些边镇的官吏也参与其中。茶叶走私威胁到了朝廷正规的茶马交易，马贵而茶贱。

为了改变这种局面，朱元璋痛下决心，除了加强管理，对私茶涉案的处罚也更为严厉。在此风声鹤唳之际，朱元璋的驸马，即安庆公主的夫婿欧阳伦却顶风作案，多次派家奴在陕西偷运私茶，牟取暴利。茶马司官员虽有察觉，却碍于欧阳伦的权势，敢怒不敢言。在一次贩卖私茶的过程中，欧阳伦的家奴周保因巡检司的小吏招待不周，对其大打出手。小吏气愤之下，向朝廷揭发了欧阳伦及其家奴的恶行。欧阳伦贩卖私茶的行为让朱元璋大为光火，朱元璋决定严厉制裁。最终，欧阳伦被判处死刑，甚至，陕西知情不报的官员也被一并赐死。

资料来源：何国松，《茶事》，北京工业大学出版社

易武古镇是茶马古道起始的地方，镇子口有几株三百多年的古榕树，马队一次次从榕树下出发

# 欧洲人的喝茶史

欧洲人喝茶的历史开始于 17 世纪初的大航海时代，第一批茶运入欧洲的确切时间是 1606 年。荷兰的东印度公司从厦门进行海上贸易，把中国茶带到了欧洲。后来英国打败了荷兰，在 1669 年的时候，制定了禁止荷兰与中国进行海外贸易的协议。之后，英国夺得了在亚洲的茶叶贸易权，以厦门为集散地进行茶叶贸易。

欧洲茶叶消费的兴起应该感谢两位女性，一位是凯瑟琳公主，一位是安娜夫人。

英国人喝红茶的文化是葡萄牙的凯瑟琳公主带过去的。她嫁给查理二世时，陪嫁的嫁妆中就有一箱红茶。

在桐木关，当地人都认为，她这一箱茶是正山小种。我相信这箱茶即便不是正山小种，也一定是来自武夷山的茶。凯瑟琳公主喜欢喝茶，从而带动了英国皇室开始接受来自东方的神奇树叶。

到了 19 世纪初期，也就是维多利亚时代，英国有位安娜夫人，下午三四点钟约闺蜜好友一起茶聚，于是下午茶成为当时贵族间最时尚的休闲社交。很多发起茶聚的夫人都是贵族，社会地位很高，所以就拿出最好的东西招待客人，她要借这个来显示她的身份和品位。

当时，茶是商人们冒着生命危险从遥远的东方运来的，一定是昂贵的，只有社会地位高的人才消费得起。

英国贵族下午茶

安娜（Anna）是贝德福公爵七世（Duke of Bedford，1778—1861）的妻子，她是用茶礼仪的创建者。据说她有肠胃不适的毛病，其实就是贵族病，消化不良。喝了茶之后发现这个毛病好了，所以她就鼓励大家喝下午茶，约一帮贵族夫人过来喝茶、吃蛋糕。这种风气本来只局限于贵族阶层，但穷苦人家对中上层阶级的生活是非常羡慕的，他们也模仿着喝茶，喝茶的习惯就传播到了平民家中。这一过程中，下午茶的礼仪也在不断地修正和完善。

资料来源：艾伦·麦克法兰，《绿色黄金·茶叶的故事》

小说家菲尔丁老早认定："爱情与流言是调茶最好的糖。"果然，19世纪中叶一位公爵夫人安娜发明下午茶之后，闺秀名媛的笑声泪影都照进白银白瓷的茶具之中，在雅致的碎花桌布、黄油面包、蛋糕方糖之间搅出茶杯的分分合合。

资料来源：董桥，《我们吃下午茶去！》

下午茶也体现着英国无处不在的"阶级"。英国剑桥大学国王学院社会学人类学博士李明璁认为：茶刚来到英国时，和糖一样，原本是上流社会才能享用的奢侈品，后来逐渐成为不分阶级的民生必需品。如果没有茶，广大的帝国就无法维持健康的再生产劳动力。更进一步来看，即使在英国境内几乎人人皆有喝茶习惯，但正如社会学大师布尔迪厄所揭示的经典命题：文化消费的品位区辨对应、甚至强化了既存的阶级差异。麦克法兰也指出，茶虽然已经普及，但茶叶品质、味道的不同选择，乃至饮茶时间、器皿、礼节，甚至仪态等差异，处处都复制着"阶级"。

资料来源：李明璁，《一叶茶，见世界》，《茶周刊》

标准的下午茶具备三个要点：一是专业的茶品，二是精致的茶具，三是美丽的摆盘。

下午茶也许不仅仅是为了喝茶，而是闺蜜们最快乐的时间。她们聊的事在男人看来可能毫无意义，不过是谁喜欢上了谁，晚宴穿什么衣服，舞会关注哪些人等等，但是她们却为城市创造了一道美丽的风景线，为自己提供了一个浪漫的想象空间。

记得 2005 年陈春花教授说服我出来做茶时，曾讲起立顿茶的经典由来：在英伦岛国下午 4 点，无论是任何人都因茶而立即停顿。当时很不以为然，对英国如此普及饮茶也充满一种好奇和尊重。

喝茶的普及说明：茶已成为英国人的一种日常生活习惯，是茶文化的流行化现象。

## 茶在英国的深入普及还要感谢医生。

很多文献记载，当时医生们写了大量的文章，宣传饮茶多么有好处，敦促多喝茶，有的医生甚至说一天要喝 50 杯、100 杯茶。

他们为什么要这么说呢？我研究了很长时间。我曾经从事环保事业 18 年，做过环境监测，做过环境影响评价，也做过流域水环境保护规划，对水污染有专业的认识。宋朝的时候，中国最大的都城开封有 100 万人，而同时期的伦敦只有 5 万人。

一座城市之所以能够形成，必须具备两个基础能力：一是供给，二是防疫。

为什么宋朝能够形成这么大的城市？除了物质的生产和供给能力达到相当高的程度之外，我想它的防疫水平也是相当高的。而事实上，中草药多是解决最终的治疗问题，茶以基本饮料的形态发挥了更基础的作用。现代科学证明，茶多酚具有抑制病菌的作用，而早期的传染病很大程度上来源于生活污水中的病菌，而饮茶一方面需要煮沸生水，高温杀灭细菌，另一方面茶多酚也发挥了很大的作用。

让我们一起回顾一下一座城市的发育过程，以英国伦敦为例。

很长一段历史时期，伦敦都是一座很小的城市，经过16世纪的圈地运动、18世纪蒸汽机的发明，英国开始了声势浩大的工业革命，开启了整个英国的城市化进程，人口不断聚集，伦敦成为人口密集的都市。

人口的急剧增多会带来大量生活污水的排放，贯穿伦敦的泰晤士河形成了串葫芦式的污染。河流中滋生了大量的细菌，其中以大肠杆菌为主。而喝了河里的污水，人就容易拉肚子。当时医疗条件有限，一大批人就因为拉肚子而丢了性命。

英国医生发现，大肠杆菌导致的痢疾会让一大批人丧命，而喝茶的这一批人却没事儿。当时的医生一再推广饮茶的好处，其实从根本上来讲是因为喝茶能够让人逃过一场劫难。可以说，因为茶的存在，英国的城市人口得以不断增加，工业革命能够顺利开展。在工业革命的推动下，英国国力大幅度提升，跃居欧洲第一位。

伴随着工业化和城市化的进程，下午茶聚很快就从上流社会流行到整个城市，再加上医生对饮茶健康的大力倡导，茶的需求量日渐加大，贸易量也逐年增加，导致了中英贸易赤字。

将近三百年过去了，茶早已融入英国人的生活之中，成为生活中不可或缺的部分。2015 年夏天，我在澳大利亚旅行。在热带雨林徒步时，我遇到一对很年轻的 80 后英国夫妇。我问他们，你们英国的年轻人喝不喝茶？他们回答我："我们每天早晨醒来就要喝茶，茶是我们生活的一部分。"

2015 年秋天，习近平主席在访问英国演讲时说："中国的茶叶为英国人的生活增添了诸多雅趣，英国人别具匠心地将其调制成英式红茶。中英文明交流互鉴不仅丰富了各自文明成果、促进了社会进步，也为人类社会发展做出了卓越贡献。"

如今，茶对于地缘经济和政治的影响已不像往日那样能够掀起巨浪，它回归本源，化为温柔的潜流，无声地滋润着东西方人的味蕾与肠胃，让世界每一个角落都能享受一杯茶带来的美妙时光。

很久以来，人口统计学者和医师们就已经注意到随着饮茶习惯的日益大众化，死亡率在不断下降。随着18世纪和19世纪城市化进程的不断发展，污染程度越发严重，疾病传播率也随之上升。霍乱这个恶魔在印度次大陆上肆虐已久，它的魔爪于19世纪30年代第一次伸到了英国大陆，当时几个水手饮用了船上水桶中的水，而这些水桶是在印度被灌满的，这些水手因此感染上了霍乱病菌。而他们回到船只所在的母港时，这种致命的病菌开始通过当地的下水道到处传播。到了19世纪中叶，霍乱这一传染病已经几次三番地夺去了数以万计的伦敦市民的生命；单单1848—1849年的那次大爆发就导致5万人丧生——这5万人无一例外都是因喝了不干净的水而染病的。

在英国这样的国家，比起用热水而不是用开水冲泡的咖啡，茶叶更受人们的欢迎，这种饮用习惯直接给他们的健康状况带来了好处，因为将水煮沸可以杀死水中那些在近距离传播病菌的微生物。由于伦敦的人口密度庞大，且缺乏有效的排污系统，即使在正常情况下，伦敦市民的饮用水也是非常不卫生的。在传染病——这个维多利亚时代全球经济产物的反复侵袭下，一个喝茶民族的生存概率比一个喝咖啡民族的要大。

资料来源：萨拉·罗斯，《茶叶大盗：改变世界史的中国茶》

# 茶叶战争史

很多人会说，茶不就是一杯日常的饮品吗，难道会为它而打仗？事实上，茶叶带来的战争非常激烈。

中国的汉民族把茶叶做得很好喝，玩得很美，也让外族人形成了根深蒂固的饮茶习惯，一旦汉人停止供应茶叶，那两个民族就会为了这片叶子而打仗。

茶叶的战争史分国际和国内两部分。国际战争牵涉到了欧洲、美洲，国内的战争则发生在汉民族与其他民族之间。

具体来说，国际战争包括：葡荷、英荷之间的海上霸权之争，这些国家争夺的是以茶、丝绸等物资为代表的贸易权的流转。例如，在波士顿倾茶事件中，茶扮演了导火索的角色，引发了美国独立战争。而中英之间的鸦片战争，它本质上是一场既争夺贸易权、也争夺消费权的茶叶战争。

在国内，为了争夺一片树叶，汉族与少数民族一次次在边疆燃起战火。

云南双江大雪山古茶树群落

# 国内战争

中国的历史很有意思，外族对中原的侵略，其实都是因为羡慕汉族人的生活，特别是后来形成的江南精致生活，这种以茶为代表的江南生活是居无定所的少数民族特别向往的。为了得到这种生活，少数民族就南下中原，跟汉人打仗。

## 从"茶马互市"开始，汉民族就开始用茶控制边疆的少数民族。

对少数民族来说，茶是必需品。而在冷兵器时代，马匹的数量代表了军队的战斗力。"茶马互市"本来是非常好的设想，是物品上的互换有无。但汉族的皇帝比较傲慢，少数民族的领袖又比较鲁莽。皇帝一不高兴，就会把茶马交易给停掉，少数民族就派人来请求开市，一而再再而三地要求，如果还不恢复贸易，他们就开打。

游牧民族将中原政权征服之后，又被中原文化给征服了，就完成了一次民族融合。现在，也许已经没有纯正意义上的汉人了，每次战争都会带来一次融合，蒙古人、女真族等，早已与汉民族融为一体了。

## ✂ 因茶而起的 "庚戌之变"

明嘉靖二十九年（1550年）六月，蒙古族首领俺答汗率兵攻打大同，一路长驱直入，所经之地，烧杀掠夺，很多城镇就此覆灭。很快，俺答汗兵逼京师，北京城面临着被攻破的危险。俺答汗提出只有明朝政府同意互市才答应退兵，明廷只能答应下来，这才解除了京师危机。这一场兵变，便是"庚戌之变"，俺答汗所求的，是与明朝恢复贸易往来，以马换茶。

明朝的时候，边疆游牧民族对茶已经十分依赖，七日可无米，一日不可无茶。而明朝政府为了控制周边的少数民族，经常以关闭边境贸易为手段，这导致少数民族为了获得生存权，不断骚扰边境，以武力要挟明廷重新开市。

在"庚戌之变"之前，俺答汗从嘉靖十三年（1534年）开始，不断要求入贡互市，但一直被嘉靖皇帝拒绝。为了逼迫明政府就范，俺答汗动用了数次武力，先后五次派信使前来请求互市，嘉靖帝均不为所动。无奈之下，俺答汗亲自率兵攻打北京城，这才让明朝政府不得已开通了茶马互市的边疆贸易。

资料来源：周重林、太俊林，《茶叶战争》

# 国际战争

在 2008 年北京奥运会开幕式中，《丝路》篇章充分展示了中国茶与海外贸易的完美结合，海船乘风破浪，茶、丝绸、瓷器铺开了"海上丝绸之路"的长幅画卷。中国文化中"和"的概念被茶带入了世界。

"海上丝绸之路"开始于 16 世纪，葡萄牙人最早与中国人进行海上贸易。起初，在厦门海港，丝绸和茶叶是主要贸易物资，而瓷器并非早期的贸易品。后来，瓷器因为重量足而取代水成为压舱物，没想到瓷器以工艺的先进性和很高的精美度在欧洲广受欢迎，逐渐变成重要的贸易商品。

17 世纪前期，荷兰人经过尼德兰革命之后强大起来，就跟葡萄牙争夺贸易权。荷兰人赢了之后，垄断了对中国的贸易权。

17 世纪中后期，英国人发起工业革命，国力很快超过荷兰，两国开始争夺海上霸权。英荷之间打了很多次仗，最终的结果是荷兰人让出了贸易权，承认了自己的失败。

欧洲几个国家的海上霸权争夺战，争的是海外贸易的垄断权，其中茶是当时重要的贸易物资，也可以说他们其实争的是对华的茶叶贸易权。

美国原本是英国的殖民地，英国人把茶带到了北美，后来为了保护英国东印度公司的利益，就搞垄断，禁止私茶。美国人就不乐意了，在波士顿海港，把英国人的茶全部倒入了大海，这就是著名的波士顿倾茶事件。英国人本来想通过茶叶控制北美殖民地，没想到惹怒了殖民地的民众，他们开始反抗英国的殖民统治。这个事件引发了美国的独立战争，最终导致了美国的独立。

北美殖民地的民众为了抵制英国倾销茶叶，就喊口号，认为喝茶是不爱国的行为。这个时候，咖啡开始进入北美，价格便宜，运输方便，于是，北美人放弃了喝茶，开始大量地喝咖啡。这也是现在的美国人更热衷于咖啡的历史原因所在。

从根本上来讲，这些战争之所以发生，是因为每个国家都想做中国茶的直接经销商、全球总代理，这样才能保证利益的最大化。

## ✄ 葡荷之战

15世纪末，葡萄牙航海家达·伽马打通了亚洲航线，开启了葡萄牙对印度和中国的海上贸易之路。16世纪上半叶，葡萄牙的船队开到了澳门，将中国的丝绸、瓷器、茶叶贩卖到了欧洲。尼德兰革命后，荷兰紧随葡萄牙，不断开拓它的海上版图。葡萄牙与荷兰为了争夺海上贸易权，冲突不断。1602年，荷兰组建了东印度公司，跟葡萄牙抢夺贸易垄断权。最终，荷兰的东印度公司击败了葡萄牙人，在中国沿海建立据点，赢得了对中国的海运垄断权。1610年，茶第一次来到阿姆斯特丹。16世纪至17世纪中叶，荷兰的经济快速发展，商业活动和海上运输业尤为发达，大力发展海外殖民业，成为当时最大的海洋运输国，被称为"海上马车夫"。荷兰开启了欧洲的饮茶之风。当时，荷兰人是直接与福建人进行商业贸易的，闽地称茶为"Te"，荷兰按音命名为"Thee"。

## ✄ 英荷之战

在荷兰对外扩张的同时，英国也在不断地抢占殖民地。荷兰的海上霸权威胁到了英国的利益，双方的矛盾不断激化。为争夺香料、茶叶等贸易品，英荷的贸易公司接连在海上发生武装冲突。

17世纪中叶，英国发生国内革命，资产阶级迫切要求开辟新的海外殖民地，而荷兰是英国对外扩张的最直接和最大的阻力。与此同时，英国的舰队实力一再加强，英荷海上霸权之战一触即发。1652—1674年，二十多年间，英国与荷兰先后进行了3次海上战争，法国也参与其中，可以说，这场旷日持久的海上霸权之战改变了整个欧洲的政治走势。最终，英荷签署协议，荷兰丧失了海上霸权。

## ❀ 波士顿倾茶事件

在 18 世纪的大部分时间，茶叶在北美洲英国殖民地的消费量也非常大。茶叶最初是由荷兰人带到新阿姆斯特丹，也就是今天的纽约，并很快成为一种流行的饮品。

18 世纪中叶的时候，英国禁止东印度公司直接在北美洲销售茶叶，必须在伦敦拍卖后再由伦敦商人在北美洲销售。这就导致了茶叶的价格非常昂贵，走私茶猖獗。为了改变这一局面，英国人制定了退税制度，大大降低了茶叶的价格，东印度公司为此也获利颇丰。

后来，由于经济问题，东印度公司积压了大量的茶叶库存。"到了 1772 年，该公司总共有 2100 万磅茶叶的库存，相当于四年的总销量。"

1773 年，英国政府为倾销东印度公司积存的茶叶，通过了《救济东印度公司条例》，该条例规定东印度公司具有在北美殖民地销售积压茶叶的专权，对此，政府只征收小额的茶税，免征高额的进口关税。同时，条例还明令禁止北美殖民地的人民买卖"私茶"。所谓"私茶"，是北美殖民地走私过来的茶，是非法的，不属于英国政府的正规渠道。东印度公司在条例的保护下，可以以低于"私茶"一半的价格向殖民地销售茶叶。这一条例引起了当地人民的愤怒和反对。一旦东印度公司垄断了北美殖民地的市场，以后就可以随意加价，而且这也伤害了贩茶人的利益。

11 月，东印度公司载有 342 箱茶叶的商船停在了波士顿港。12 月 16 日，波士顿民众聚众示威，要求商船开出港口，遭到拒绝。当晚，60 名群众化装成印第安人，偷偷上船，将船上价值 18000 英镑的 300 多箱茶叶全部倒入大海。

波士顿倾茶事件让英国人大为光火，颁布了系列法令封闭波士顿港，实施了一系列高压政策。殖民地人民敌对情绪愈加强烈，英国和北美殖民地之间的矛盾进一步激化，引发了美国的独立战争。

"东印度公司不仅垄断了茶叶进口，而且还打算不再通过美洲原有的茶叶销售商，而通过支持在美洲建立英国政府机构的代理人销售茶叶。一些激进群体号召人们抵制英国茶叶：'不要饮用这种受诅咒的东西，因为恶魔会随着这种东西进入你的体内，立即使你变成一个叛国者。'"

"在著名的波士顿倾茶事件中，茶变成了英国无礼傲慢和无权收税的象征。所以美国人，尽管私底下普遍喝茶，却仍公开宣称自己是喝咖啡者，以相对于英国人是饮茶者。""不过，政治抗争寿命毕竟不长，未将成本因素考虑在内的解释也不够周全。从长时间来看，更重要的原因还是在于美国占了地利之便，附近就有加勒比海与拉丁美洲的咖啡园，何况咖啡关税又很低。"（19世纪每磅咖啡只抽取几分钱税金，有时候根本不必课税）

因此，波士顿倾茶事件不但导致了美国的独立，也影响了美洲人民对饮料的选择，美国人从此时开始逐渐放弃了茶叶，而选择了更便利更便宜的咖啡，成为一个嗜饮咖啡的民族。

资料来源：罗伊·默克塞姆，《茶，嗜好、开拓与帝国》；

艾伦·麦克法兰，《绿色黄金·茶叶的故事》

# 鸦片战争

1840 年的鸦片战争是封建王朝衰落的开始，也是中国近代文明的开端。

在鸦片战争之前，18、19 世纪之交的时候，清朝虽然闭关锁国，但从 GDP 的角度看，仍算得上世界第一大国。那时中国出口了大量的物品到欧洲，包括茶叶、丝绸、瓷器之类的商品。英国人也贩卖东西给中国，但主要是一些不太实用的物品，如钢琴、钟表、鼻烟壶。这些精巧的玩意儿在中国民间没用武之地，皇宫里可以用一些，但量很少。怎么办呢？中国人就说这些东西我用不到，你还是给我银子吧。于是，大量的白银源源不断地流入了中国。

过了一些年之后，英国人就发现银子不够用了，英国的贸易代表东印度公司认为这样太吃亏。恰好他们在印度发现了鸦片，这是很好的机会。中国的茶让英国人上瘾，英国人就给了中国人更容易上瘾的鸦片。茶上瘾需要的时间比较长，要 3 个月，而鸦片 3 天就能让人上瘾。于是，鸦片源源不断流入中国，清朝就出现了很多萎靡不振的瘾君子。

中国人抽鸦片抽了十几年之后，发现这样不行，抽鸦片有副作用，对人的身体和精神都有很大的危害。其实鸦片最坏的一点是有副作用，它是毒品嘛，搞得人整天没精神，浑身没力气。因为鸦片的输入，中国的白银开始反向外流，国库开始亏空，清政府意识到了问题的严重性，便开始抵制鸦片。

## 🔲 东印度公司

16、17 世纪之交，葡萄牙、荷兰、英国、法国等国先后在印度、印尼、马来西亚等地成立东印度公司。1492 年，哥伦布错把美洲的西印度群岛当作印度，以讹传讹，后来人们发现错了，却将错就错把真正的印度叫作东印度，这些殖民国家成立的公司也就叫作东印度公司。

东印度公司不是单纯意义上的贸易公司，而是从政府那里获得了贸易的垄断权及军事权。他们在殖民地建立政府机构，对殖民地进行各种经济、政治掠夺。16 世纪末至 19 世纪中期，东印度公司为各国的资本原始积累创造了巨大的财富。

英国东印度公司成立于 1600 年，正式的全名是 "伦敦商人在东印度贸易的公司"（The Company of Merchants of London Trading into the East Indies）。公司由一批具有野心和影响力的商人组建，在 1600 年 12 月 31 日，公司获得了对印度的 15 年贸易专利特许。英国东印度公司先后在印度西部的苏拉特、马德拉斯、加尔各答等地设立了贸易站，把印度的粮食和工业原料源源不断运回英国，获得丰厚的回报。

到了 18 世纪，为扭转对中国的贸易逆差，东印度公司开始向中国输入鸦片。中国对鸦片的需求不断增加，1773 年，东印度公司在孟加拉取得了鸦片贸易的垄断权。当时，清政府禁止东印度公司将鸦片运送至中国，东印度公司就通过加尔各答中转，再运入中国。鸦片有着各种各样的社会危害，清政府开启了禁烟运动。但东印度公司走私进入中国的鸦片却有增无减，每年高达 900 吨。尽管中国也在向英国出售茶叶、瓷器、丝绸，但白银仍在不断外流。到了 1838 年，东印度公司输入中国的鸦片已高达 1400 吨。清政府开始加大禁烟力度，对走私鸦片者处以死刑，并派钦差大臣林则徐至广州禁烟。

抵制的手段是焚烧鸦片、停止中英贸易。鸦片进不来，茶也出不去。中国人没有鸦片抽很痛苦，英国人喝不到茶同样很难受。怎么办？英国人决定打仗。

英国人本来很犹豫，到底要不要打仗，他们自认为跑这么远，胜算不大。但是没有茶喝，老百姓意见很大，国会开了 39 次会讨论这个事情。英国最终决定出兵，鸦片战争就打响了。

1840 年，鸦片战争打起来的时候，大清朝表面看还是很厉害的，当时清朝的国民生产总值占世界的 30% 以上，比现在美国占的比例还要高。但这个帝国腐败不堪，是个一身毛病的大胖子，一击而溃。

此外，英国人为了将利益最大化，决定在自己的殖民地种茶。东印度公司专门派了一个人过来偷茶苗茶籽，这个人叫福琼，是一个植物学家。他把在中国偷来的茶种带到印度去种。

福琼窃茶事件被誉为人类历史上最大的一桩经济间谍案。

### ✿ 茶叶大盗：罗伯特·福琼

罗伯特·福琼（Robert Fortune，1812—1880），英国植物学家。1839—1846年，福琼受英国皇家园艺协会及东印度公司的派遣，先后3次来到中国，调查及引种中国植物。福琼先后从中国引走了秋牡丹、桔梗、金钟花、石岩杜鹃、柏木、榆叶梅、榕树、12—13种牡丹栽培品种、云锦杜鹃等植物。

当时，东印度公司尝试在阿萨姆和喜马拉雅山麓种植茶叶。阿萨姆原本生长了茶树，英国人戈登在19世纪30年代从中国带过去了茶树和茶种。这两种茶树发生

罗伯特·福琼

了有害的异花传粉，产生了很多品质不高的杂交茶树。当时，普遍认为中国的茶树品质更为优良。东印度公司准备从中国再引进更多新的品质优良的茶树。

1848年，东印度公司找到了福琼，请求他再次去往中国，把茶种和制茶技术统统拿过来。1848年7月3日，英国驻印度总督达尔豪西侯爵曾发给他一纸命令："你必须从中国盛产茶叶的地区挑选出最好的茶树和茶树种子，然后由你负责将茶树和茶树种子从中国运送到加尔各答，再从加尔各答运到喜马拉雅山。你还必须尽一切努力招聘一些有经验的种茶人和茶叶加工者，没有他们，我们将无法发展在喜马拉雅山的茶叶生产。"

福琼再次来到中国，剃光了头发，戴着一条假辫子，装扮成了一个中国人，通过买办来到了安徽休宁县。福琼精通中国文化，以超高的演技骗走了一批茶苗和茶籽。1849 年，这一批茶苗和茶籽在上海起航，走过漫长的海路，4 个月后，抵达印度时已经所剩无几，基本全死了，茶籽也烂了，这次"盗茶行动"以失败告终。

福琼从安徽又来到了武夷山，这次他准备得更为充分，不但用了特制的箱子盛放茶苗茶籽，还搜罗了一批制茶工具，骗到了 8 名制茶师傅，这些师傅全部出自制茶世家，掌握了红茶生产的全部技艺。

1851 年 2 月，福琼通过海运，带着 2000 多株茶树苗、1.7 万粒茶籽、制茶工具、8 名武夷山的制茶师傅从上海出发，启程前往印度。

在印度喜马拉雅山脉，茶苗和茶籽落地生根，之后被引种到了英国其他适合种植茶树的殖民地。之后，英国仅仅花了 20 年时间，培育出大量茶叶产地，生产出阿萨姆、大吉岭等一流的红茶，导致了英国殖民地茶叶生产的兴旺，也导致了中国茶业的衰落。

## ✿ 植物猎人

17 世纪到 20 世纪中期，由于食料、香料、药草等植物的需求量增加，加上当时欧洲兴起一股兴建庭院的热潮，因而产生一种叫作植物猎人的职业。植物猎人不只受雇于政府单位，还有园艺协会、种苗公司，甚至是有钱的个人，这些单位或个人雇用精通植物学与栽培的人，往中东、东亚等新世界地区寻找特殊的植物。英国皇家植物园当时就以派很多植物猎人，收集世界各地的植物而闻名。

第一次鸦片战争，英国与清政府海战图。图片来源：《败在海上》，生活・读书・新知 三联书店出版

## ❖ 鸦片战争，本质上是一场茶叶战争

自 1662 年，中国茶由葡萄牙的凯瑟琳公主带入英国之后，饮茶之风逐渐在英国上流社会风靡开来。一开始，英国人通过荷兰人购买茶叶，价格昂贵。当茶叶刚刚来到英国，据当时一位名叫佩匹斯夫人的日记记载："是以 1 磅（约 450 克）3 英镑 1 先令的高价卖出的……9 到 10 年内，价格降到 2 英镑。"当时，茶是十分奢侈的饮品。后来，英国人打败荷兰人，抢占了海上霸权，直接从中国贩卖茶叶，茶叶价格降了下来，中国的茶叶在英国的销量提升很快，几乎家家户户都喝茶。18 世纪开始，在整个英国，无论男女，都极为喜欢饮茶，下午茶几乎是每个家庭的例行节目。

1716 年，茶叶作为中英贸易中非常重要的商品，最高峰时可达到进货物总值的 90% 以上。英国的进出口贸易由东印度公司垄断，其他国家的茶叶入境关税很高，导致欧洲其他国家纷纷把大批茶叶走私到英国。为了禁止这种情况发生，英国只能把关税降低，这才遏制住了大量走私茶涌入的现象。

据艾德谢在《世界史中的中国》一书中记载，英国对茶的需求经历了三个阶段：

1650 年至 1833 年间，英国对茶的需求经历了三个阶段。1720 年之前，年茶叶进口量在 1 万担以下，茶只是一种药品，一种有刺激与兴奋作用的饮料。对男性来说，它是除了咖啡以外另一种可供选择的提神饮料；对妇女来说，它是缓解周期性偏头痛、忧郁症与焦虑症和各种心理压力的镇静剂。此间的茶主要是由荷兰进口的，以药用为主。

1720 年至 1800 年间，年进口量从年平均 1 万担升到 2 万担，茶变成了一种

社会消费品，消费者主要是女性，围绕着茶构筑起一种女性化的时空与家庭内部关系。喝茶要求有专门的茶室，专门喝茶的时间与服饰；并形成了一套独特的行为仪式与独特的社会技巧。茶作为一种日用商品，主要进口渠道来自荷属东印度公司及其欧陆的一些后继者，英属东印度公司虽然受重税限制，仍想尽办法挤进茶叶贸易中。英国茶叶中心在巴斯（Bath），茶与喝茶的风尚经过巴斯从首都传往地方。

1800 年至 1833 年间，茶进口量从年平均 2 万担涨到 3.5 万担，茶在英国，像在西藏与西伯利亚那样，变成一种食品：家用浓茶，加许多牛奶与糖，成为早期工业革命时代社会生活的一种简单有效的基本营养品。作为一种大众消费品，茶此时已主要依靠英国东印度公司的进口……

17 世纪后期，通过工业革命，英国经济迅速发展，纺织业走在了世界最前端。英国意欲把纺织品输入中国，换取中国的茶叶、丝绸等商品。但当时中国仍处于封建农耕时代，是典型的小农经济，农民没有购买纺织品的意愿。结果就导致了英国长期的贸易逆差，白银源不断流入中国。

"约从 1720 年至 1770 年，英国和中国之间基本上有直接帆船贸易往来最初的 50 年，银是西方和中国贸易的主要支持者，同时也是主要的商品。随后各项事件发生，直接使用银变成不实际的方式。接着 1776 年的美国独立革命切断了墨西哥银矿的供给，这是银的另一主要来源。银的价格也因通货膨胀而上涨；再者，英国对茶的需求每年都在急速的增加，没有足够的银来支付茶叶费，危机就产生了。茶是高度需求物资，但现在却没有东西可以用来支付买茶叶需要的费用，解决之道是用另一种更容易上瘾的东西来交换茶叶。"（《绿色黄金·茶叶

的故事》）

　　为了抹平贸易逆差，英国在殖民地印度种植鸦片，销售到了中国。结果就是，一来，中国对鸦片的需求不断增加，导致白银外流，影响了清朝的经济。"1833年，就在鸦片战争爆发前夕，中国进口的鸦片总值已达到以当时货币计算的1050万，出口的茶叶总值才900多万。"（约翰·戴维斯，《中国与其生态环境概述》）"白银在中国和英国之间的流动生动地反映了英国鸦片贸易所带来的贸易收支差额方面的变化：在19世纪第一个10年，英国向中国出口983吨白银；而在19世纪40年代，中国反而向英国出口了366吨白银。"二来，鸦片让人萎靡不振，削弱了清兵的战斗实力。道光帝便派林则徐到广州虎门销烟。禁烟运动开启之后，英国大为光火，道光帝一气之下终止了与英国的对外贸易。

　　茶是英国人的日常所需，停止贸易，意味着茶的供应跟不上，这引起了社会恐慌。此外，茶叶贸易和鸦片贸易的税收是很大一笔收入，"从1711年至1810年，从茶叶贸易征收而来的税高达7700万英镑"。（《绿色黄金·茶叶的故事》）这之后的税收额有增无减，英国人不能眼睁睁看着这两笔收入化为泡沫。英国人一直在寻找替代中国茶的方法，最主要的策略是从中国拿到茶苗，去殖民地种植。"因而当两个英国大使前往中国时，英国赋予他们的任务是寻求将茶带出中国的可能性。班克斯陪同麦卡尼爵士于1792年首次出使到中国，替加尔各答的植物园带回来种子和茶株，亚美士德爵士于1816年出使而带回的茶株，则因旅途中运输的困难而遗失了。"（《绿色黄金·茶叶的故事》）尝试的结果是失败了。

　　1840年4月，英国国会以271票对262票通过对清朝发动军事行动的决议。

鸦片战争前的港口贸易

鸦片战争一直持续到 1842 年，中英签订《南京条约》，清政府割地赔款，被迫打开了通商口岸。

亨利·霍布豪斯（Henry Hobhouse）在《改变的种子：六种改变人类历史的植物》（*Seeds of Change: Six Plants That Transformed Mankind*）中说："中国这个集艺术、工艺品、精巧工艺、设计、发明才能和哲学于一身的宝库，被掠夺已经好几年了，这也增加了白种人的国家收入。我们可以说，因为一壶茶，中国文化几乎被摧毁殆尽了。"

英国人认识到依赖中国并非长久之计，他们决定在殖民地自己种植茶叶。因阿萨姆地区与中国云南一带距离很近，英国人在阿萨姆区域搜寻茶树的踪迹，而且很有收获。"1835 年 1 月，当戈登先生还在中国时，从阿萨姆来的电报消息送达茶叶监察委员会，都督的代理人杰金斯上校和查尔顿上尉呈上关于茶的报告，说他们发现茶叶生长在阿萨姆，并附上叶子和果实的样本，这次有了新鲜的种子可供检验。瓦里齐博士得以辨识出它是纯种的茶树。"

这样的搜寻一直在持续，在阿萨姆的英国人还在偏僻的村落中获得了当地人制茶的技法："我必须先说明的是他们只用嫩叶，他们在一个大的金属器皿里烘焙茶叶，或成半烘焙状态；金属器皿要很干净，在里面把茶叶搅拌均匀，并在烘焙的过程中用双手揉捻茶叶；当烘焙得恰到好处之后，他们将茶叶放在阳光下暴晒 3 天，露水和阳光相互交替，最后它被密实地填装到竹筒里。"

但是阿萨姆的茶种在英国人看来品质不够优异，东印度公司找到了英国植物学家，同时也是植物猎人罗伯特·福琼，派他到中国盗取茶种和制茶技法。福琼不负所望，把武夷山的茶苗、茶籽以及 8 名制茶师傅带到了印度。

阿萨姆茶园

很快，英国人在殖民地开辟了茶园，而且以机械化进行生产，不但效率高，品质也十分优良。"1872 年，茶的生产成本是每磅 11 便士，约与中国茶的成本相当。到了 1913 年，这些改进后的机械让成本降到了每磅 3 便士。某些 3600 公斤的滚筒机械约等于 150 个人力。在滚筒引进之前，茶园耗费约 8 磅的良柴烧成木炭才能烘干 1 磅的茶叶。杰克森的机械不需要任何木炭、甘草或燃料，却能达到同样的效果，只需要 1/4 的木炭就能制造 1 磅的茶叶。"（《绿色黄金·茶叶的故事》）

"1848 年福琼的中国之行无疑是世界茶史上重要的分水岭。不久，在印度的阿萨姆邦和锡金，茶园陆续涌现。到 19 世纪下半叶，茶叶成了印度最主要的出口商品。1854 年至 1929 年的 75 年间，英国的茶叶进口上升了 837%，在这一惊人数字的背后，相对应的是茶叶原生地中国国际茶叶贸易量的急剧滑坡与衰落。"（《茶叶大盗·改变世界史的中国茶》）

"1859 年，印度没有茶叶外销市场，而中国则运出 3.2 万吨前往英国……直到 1899 年，中国仅剩下 0.7 万吨，但印度却输出可观的 10 万吨——这是中国茶叶从不曾达到的成果。"（戴尔·波尔，《中国物事》）其实，到了 1876 年的时候，印度的茶叶生产量已经超过了中国。1894 年，中国产的茶叶只占到英国消费茶叶量的 24%。中国茶的对外贸易一落千丈，茶叶生产受到重大打击。19 世纪末 20 世纪初，中国茶的对外贸易彻底没落了。"茶叶已从厦门消失，1900 年已经没有任何一批货直接从汉口街输往伦敦，这是记录中首次出现的。"（戴尔·波尔，《中国物事》）

所以说，鸦片战争实则因茶而起的一场"茶叶战争"。

19 世纪中后期，英国是日不落帝国，在全世界范围内都有殖民地，这些殖民地包括一些靠近赤道、适合种红茶的地方，比如印度、斯里兰卡。20 年后，英属殖民地，印度和斯里兰卡，成功地开辟出茶园，生产出红茶。再过 50 年，殖民地的茶产量已经足够供给，英国几乎不需要再向中国采购茶了。

1875 年是徽茶历史上最重要的诞生年，在中国茶叶丧失国际垄断地位的背景下，祁门红茶也于这一年诞生。

## 如果说正山小种是红茶工艺革命的象征，祁门红茶就是红茶规模经济的代表。

祁门红茶以香著称，与斯里兰卡红茶、大吉岭红茶被誉为世界三大高香红茶，走进各国皇室，也深受大众欢迎。然而，到了 19 世纪末的时候，印度的红茶大量进入国际市场，质优价廉，祁门红茶受到重挫。

中国茶是按农民的传统方法，以手工种植生产为主，而英国人种茶是派植物学家参与规划茶园，让机械师进行工业化设计生产，效率上有明显的优势。以传统手工为特征的中国茶在规模效率上显然不具备竞争优势。

鸦片战争 50 年后，英国可以向中国宣布：我不再向你采购茶叶了。中国也同时对英国宣布：我们不向你采购鸦片了，因为中国在云南开始自己种植鸦片了。茶叶，让英国人清醒，扩张帝国；鸦片，让中国人愚昧，王朝衰落。此时，曾经向中国进口茶叶的大门关上了，生产红茶的中国茶农、茶商一下全垮了，中国茶业在 19 世纪末面临着严峻的形势。

徽茶近现代的格局变化是整个中国茶产业的近代缩影。

19 世纪，上海开埠之后，茶的对外贸易出口量不断增大，安徽人以地利之便和商业头脑抢得先机，开始大面积种植生产外销茶。安徽人拿到很多订单，赚了很多钱。富有的茶商就搬家到最大的贸易港上海，摇身一变成了上海人。安徽人在上海定居，同时把自己家的厨子带了过去，变成上海菜的雏形。所以现在不少上海人如果溯源的话，祖籍都是安徽，上海菜也有着徽菜的影子。

当印度茶崛起之后，中国对茶的垄断性经营中断，失去竞争优势的徽茶在国际竞争中随之衰落。中国茶不得已由出口转内销，安徽人便跑到全国各地去卖茶，创办了延续至今的百年老店。

有人跑到北京开了吴裕泰，有人来到上海开了汪裕泰。还有人在杭州卖茶，赚钱后在西湖边盖了一座汪庄，就是现在的西子国宾馆。另有一位胡姓的茶商从绩溪到了江苏泰州，创办了胡源泰。茶店老板的后代在俄罗斯中国年时，曾赠送给普京一份国礼，由太平猴魁、六安瓜片、黄山毛峰、黄山绿牡丹四种徽茶组成，他告诉普京："这是我小时候喝的茶。"

> 北京茶行，十之九皆为安徽人，所谓"茶叶某家"的便是，有名者为：吴家、汪家、方家、罗家、胡家、程家几姓，而安徽人中尤以歙县为主，所以北京的歙县义地便由茶叶吴家负责典守。外省外县人极难经营茶行，即使有人开茶店，亦须请皖歙人帮忙。
>
> 资料来源：金受申，《喝茶·茶叶庄》

祁门红茶资深传承人闵宣文告诉我什么是祁门香

# 国盛茶香

什么是国盛茶香？就是国家昌盛的时候，喝茶的人也多一些，到处都在喝茶；国家战乱衰败的时候，喝茶的人就少了，茶也不香了。还有个现象也很有趣，那就是看这个皇帝重不重视茶，重视茶的皇帝，他执政的时间就长一些，社会也太平一些。

这里面的道理很简单，喝茶是与生活水平有关的。社会稳定，生活水平高，摄入了荤食，才有喝茶的诉求。反之，战乱不断，人民生活水平低下，没有肉吃，谁会去喝茶呢？

我们现在茶的消费增加，跟生活水平的提高是息息相关的。中国茶的生产总量，在2006年的时候第一次超过印度，排到世界第一。浙江大学王岳飞教授指出，2006年至2030年，这25年是中国茶业的黄金年，中国再一次进入国盛茶香的时代。

中国是以叶子为象征的茶系文明，它最大的特点是勤而不争，和谐共生，追求平衡。喝茶，是坐下来，心平气和地沟通交流，请喝茶，意味着共谋合作发展。无论民间的"吃讲茶"，还是官方的"汪辜会谈"，都以请茶为符号象征，目的是为了解决分歧，平衡利益，这与茶的精神极为契合。尤其是当今世界进入核武器时代后，谁也不可能真正将另一方PK掉，最好的态度是坐下来谈判，请喝茶。

未来，茶叶的"战争"是争夺文化权，是美学驱动型的。因此，传播中国文化也可以很简单，让人们放下一切，从茶开始。随着中华民族的伟大复兴，中国文化会向全世界传播，在不远的未来，东方美学将再次成为全球的时尚符号。

茶的文明史就是人类战胜苦涩的历史

The history of Cha is a history of mankind conquering bitterness

# 健康

*The benefits of Cha*

# 健康的经验认知

在我看来，茶的健康意义依然被低估了，还没有真正从传统的经验认知走向现代的科学认知。

古时候，茶是"万病之药"，现在，茶是健康的平衡剂。

最开始，茶混同在草药中，充当解毒、镇痛之药。后来，人们发现茶提神益思的功效比较突出，僧人把它当作参禅打坐的良伴。即便从唐朝开始，茶独立为一种饮品，茶与药依然并未完全分家。

关于茶的药用记载，古代的文献典籍、外国的文献记载有很多。我们的老祖先最早就是把茶当作药来用的，它的解毒、延年益寿、提神功能，在很多医书中都有提及。比如张仲景的《伤寒论》、陆羽的《茶经》、李时珍的《本草纲目》，都强调了茶的养生治病功效。日本的荣西和尚专门写了《吃茶养生记》，认为："茶者养生之仙药，延龄之妙术也。"

西方也一样，最开始注重的也是茶的药用价值。17世纪，茶叶之所以能够在英国普及，很大一部分原因是很多医生发现喝茶人群能够抵御疾病，能够在流行疫病暴发期存活下来，所以他们极力主张大量喝茶。

## ❖ 中国典籍中茶的药用记载

| | | 《神农本草经》 | 神农尝百草，日遇七十二毒，得茶而解之。 |
|---|---|---|---|
| | | 《神农食经》 | 茶茗久服，令人有力，悦志。 |
| 三国 | 华 佗 | 《食论》 | 苦茶久食益意思。 |
| 汉 | 张仲景 | 《伤寒杂论》 | 茶治便脓血甚效。 |
| 梁 | 陶弘景 | | 久喝茶可以轻身换骨。 |
| 唐 | 苏 敬 | 《唐本草》 | 茶味甘苦，微寒无毒、主瘘疮，利小便，祛痰热渴，主下气，消宿食…… |
| 唐 | 陈藏器 | 《本草拾遗》 | 茗，苦，寒，破热气，除瘴气，利大小肠，食宜热，冷即聚痰…… |
| 唐 | 王 焘 | 《外台秘要》 | "代茶新饮方"记述药茶的制作。 |
| 唐 | 孙思邈 | 《千金要方》 | 令人有力，悦志。 |
| 唐 | 孟 洗 | 《食疗本草》 | 茶治"腰痛难转""热毒下痢"。 |
| 宋 | 王怀隐等 | 《太平圣惠方》 | 记载"药茶诸方"。 |
| 元 | 忽思慧 | 《饮膳正要》 | 凡诸茶，味甘苦微寒无毒，祛痰热止渴利小便，消食下气，清神少睡。 |
| 元 | 吴 瑞 | 《日用本草》 | 茶能"止头痛"。 |
| 元 | 王好古 | 《汤液本草》 | 茶有"清头目"之效。 |
| 明 | 朱棣等 | 《普济方》 | 药茶方8个。 |
| 明 | 韩 懋 | 《韩氏医通》 | 记载缓衰抗老的八仙茶方。 |
| 明 | 李时珍 | 《本草纲目》 | 茶苦而寒，最能降火……温饮则火因寒气而下降，热饮则茶借火气而散，又兼解酒食之毒…… |
| 清 | 张 璐 | 《本经逢原》 | 茗乃茶之粗者，味苦而寒，最能降火消痰，开郁利气，下行之功最速。 |
| 清 | 陆廷灿 | 《续茶经》 | 独予有诸疾，则必借茶为药石，每深得其功效。 |
| 清 | 刘源长 | 《茶史》 | 茶茗久服，有力、悦志。 |
| 清 | 汪 昂 | 《本草备要》 | 解酒食油腻，消炎祛毒；利小便；多饮消脂肪。 |
| 清 | 王士雄 | 《随息居饮食谱》 | 清心神，凉肝胆，涤热，肃肺胃。 |
| 清 | 黄宫绣 | 《本草求真》 | 入胃、肾，清头目，除烦渴。 |
| 清 | 费伯雄 | 《食鉴本草》 | 气清能解山岚障疠之气，江洋露雾之毒，及五辛炙之热。 |
| 清 | 赵学敏 | 《本草纲目拾遗》 | 解油腻、牛羊毒。 |

## ✂ 西方的药用记载

| | |
|---|---|
| 17 世纪 | 一开始茶叶是在欧洲的药房，而不是食品店销售。<br>荷兰医生尼古拉斯·德克斯（Nicholas Dirx）述及"茶乃治万病之长寿妙药"<br>英国伦敦医学会主席布朗（Brown）爵士曾誉茶为"人类救世主"，他说："余确信茶为人类救世主之一，欧洲若无茶传人，必饮酒而死。" |
| 17 世纪 | 法国皇帝路易十四患有头痛病，拉默雷（R.Lemery）用茶叶居然治愈了他，内阁总理大臣马萨林（C.Mazarin）患痛风病，也因为饮茶而治愈。克雷西（M.Cressy）专门研究了饮茶对痛风病的疗效，并发表博士论文，使茶叶名声大振。 |
| 1678 年 | 荷兰的科内利斯·邦特科博士著有《茶——优异的草药》，尤其强调了茶叶帮助消化和缓解便秘的功效。 |
| 1685 年 | 法国的菲利普·西尔维斯特·迪富尔著有《关于咖啡、茶、巧克力的新奇论考》，提到茶叶可促进血液循环、利尿以及对头痛、通风、风湿、结石等有疗效，且几乎无副作用。 |
| 1730 年 | 英国的托马斯·肖特著有《茶的历史，自然、实验、流通经济、食品营养角度的研究》提到：绿茶对卒中、困倦、无力、反应迟缓、视力低下等症有效，武夷茶对呼吸道疾病、溃疡有效。 |
| 1772 年 | 英国的约翰·科克利·莱特松在《茶的博物志——茶的医学性质以及对人体的影响》中提到：茶有防腐、收敛效果，以及通过芳香成分起到镇静、松弛神经的作用。 |

约翰·戴维斯（John Davis）在《中国与其生态环境概述》《The Chinese: a General Description of China and Inhabitants, 1840》中说："没有任何东西像茶一样对英国有这么深远的影响，它对改变过去 100 年英国人民的生活习惯有革命性的重大意义。"

从以水传播的疾病到茶饮本身，然后发现了茶里头的众多化学物质，茶叶里所含最多的物质叫作"茶单宁"，茶单宁在化学上一般称为酚醛，酚醛是人们目前所知具有最强杀菌功效的物质之一，酚醛是构成石碳酸杀菌剂的基本物质，石碳酸杀菌剂在 19 世纪彻底地维持了医院的清洁。

19 世纪末当显微镜发明后，人们得以发现细菌，也能够进一步测试茶所能带给人们的影响。实验显示，当把伤寒、痢疾和霍乱病菌放在冷茶溶液中时，它们都会被杀死，并不是煮沸的水杀死这些病菌，而是茶里的某种物质，所以当人们喝茶时，他们不仅喝下了经过杀菌的水，也喝下了一种可以清洁口腔和保持胃部健康的物质。

19 世纪中叶，一位人口学家威廉·布雷克（William Black）曾经提到，"痢疾和便中带血的腹泻"已经开始在伦敦慢慢消失；另一个人口学家威廉·赫伯登（William Heberden）则更进一步提出详细的死亡率分析，证明痢疾确实从 1730 年至 1740 年这 10 年间明显减少。他说有好几种疾病，"包含痢疾在内，已经减少，他们在伦敦几乎绝迹……"

日本因而不再有痢疾的发生，其他肆虐的疾病如伤寒和副伤寒也不再发生，至于霍乱，1817 年世界第一次霍乱大流行，从印度蔓延开来，但最远只影响到日本西部。1831 年的第二次霍乱大流行并没有袭击日本。第三次霍乱流行始于 1850 年，1858 年即告终。埃德温·阿诺德爵士（Sir Edwin Arnold, 1832—1904）于 19 世纪 50 年代末期目睹了印度如何遭受霍乱蹂躏，曾经评论："我会说，日本之所以能幸免于这场霍乱流行，很重要的一个原因是日本绵延不绝的饮茶习俗，当他们口渴时就喝茶，把水煮沸后再饮用使得他们比邻居都要健康。"

资料来源：艾伦·麦克法兰，《绿色黄金：茶叶的故事》

从 20 世纪 20 年代开始，现代科学开始介入茶的研究，一些生物学家、化学家开始做生化方面的探索。比较重要的是，从 80 年代开始，茶的研究步入了新的阶段。

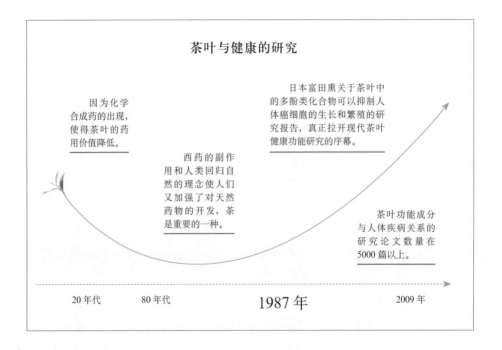

茶叶与健康的研究

因为化学合成药的出现，使得茶叶的药用价值降低。

西药的副作用和人类回归自然的理念使人们又加强了对天然药物的开发，茶是重要的一种。

日本富田熏关于茶叶中的多酚类化合物可以抑制人体癌细胞的生长和繁殖的研究报告，真正拉开现代茶叶健康功能研究的序幕。

茶叶功能成分与人体疾病关系的研究论文数量在 5000 篇以上。

20 年代　　80 年代　　　　1987 年　　　　2009 年

## 茶的健康研究成果

荷兰研究者发现每天喝 1—2 杯红茶可使患动脉粥样硬化的危险性降低 46%，每天喝 4 杯以上红茶则危险性降低 69%。

(Johanna MG.et al.[J].Am J Clin Nutr)

赫托格（Hertog）等对 805 名男性为期 5 年的队列研究发现，随着茶叶中黄酮类化合物摄入量增加，心肌梗死发生率及卒中的死亡率显著降低。

(Hertog MG,et al.[J].Am J Clin Nutr)

塞索（Sesso）等对 340 名心脏病患者调查发现，每天饮茶 1 杯以上的患者心脏病发作的危险性比不饮茶的患者减少 44%。

(Sesso HD,et al.[J].Am J Epidemiol)

中地（Nakachi）等对 8552 名日本人进行的队列研究发现，男性每天饮茶 10 杯以上能够显著降低心血管疾病死亡率，对于女性则有预防作用。

(Nakachi K,et al.[J].Biofactors)

首先是日本科学家发现了茶里面的茶多酚可以抑制人体癌细胞的生长和繁殖，他们在美国《自然科学》杂志发表了一篇文章，茶的抗癌作用得到了国际自然科学界的认可。

美国《时代周刊》和《时代》杂志都把茶作为抗氧化食品或营养品来推荐。德国《焦点》杂志则把茶列为十大健康长寿食品。

国内科学界一直在做普洱茶的抗癌研究，在国内形成了一定的影响力，国际认可度则有待进一步提高。普洱茶是非常特别的一种茶，一直以来，它的显著优势是促进消化、消解脂肪，很多人发现，吃了油腻的饭菜之后，喝一点普洱茶，肠胃会非常舒服。

我相信，随着全世界对茶与健康的关注度越来越高，茶的很多功效研究会拓展到新的广度和深度。茶作为一项福利会惠及更多的人。

| 茶叶 | 粗老茶叶 |
|---|---|
| 用量 | 20 克 |
| 温度 | 冷开水 |
| 水量 | 400 毫升 |
| 时间 | 2 小时 |
| 服用方法 | 50—150 毫升 / 次，3 次 / 日 |

福建中医学院针对轻度糖尿病患者，选用老茶树采制的茶叶 10—15 克，每日 3 次泡饮，连服 15 天见效

## 黑茶及普洱茶对消化的影响

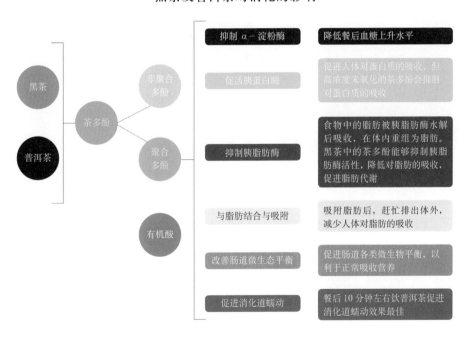

# 健康的科学认知

20 世纪 20 年代初，现代科学启动了对茶叶成分的研究。在茶叶健康的科学认知上，真正具有划时代意义的标志是，20 世纪 80 年代茶多酚具有抗癌功能的发现。

让我们重新认识一下茶叶的组成。茶多酚、茶氨酸、生物碱、茶多糖是茶的特征性内含物质。特征性物质是指：这些成分是茶叶特有的，其他植物里面完全没有或者含量微乎其微；而且这些物质具备水溶性，能够溶入水中，被我们饮用；此外，这些物质被人体吸收之后，能够对我们的身体产生有益的作用。

**茶的健康功效，主要指特征性成分茶多酚、茶氨酸、茶多糖和生物碱的功效。**

茶的色香味是由不同的成分决定的，叶绿素、胡萝卜素、酚类等影响着茶的色泽，芳香物质左右着茶的香味，茶多酚、茶氨酸、生物碱决定了茶的口味。不是说哪一种成分含量特别高的茶就是好茶，而是这些物质互相协调，才成就了茶的优良品质。

## ❖ 茶树叶片形态学特征

门　种子植物门（Sperma tophyta）

亚门　被子植物亚门（Angiospermae）

纲　双子叶植物纲（Dicotyledoneae）

亚纲　原始花被亚纲（Archichlamydeae）

目　山茶目（Theales）

科　山茶科（Theaceae）

亚科　山茶亚科（Theaideae）

族　山茶族（Theeae）

属　山茶属（Camellia）

种　茶种（Camellia sinensis）

茶树外部形态是由根、茎、叶、花、果和种子等器官构成的一整体。茶树的根、茎、叶为营养器官。茶树的花、果、种子是繁殖器官。

A. 叶缘有锯齿，一般有 16—32 对，叶基无。

B. 有明显的主脉，由主脉分出侧脉，侧脉又分出细脉，侧脉与主脉呈 45°—65° 的角度向叶缘延伸。

C. 叶脉（vein）呈网状，（脉的网眼为五边形）侧脉从中展至叶缘 2/3 处，呈弧形向上弯曲，并与上一侧脉连接，组成一个闭合的网状输导系统。

D. 嫩叶背面生茸毛。

E. 叶片的大小，长的可达 20cm，短的 5cm；宽的可达 8cm，窄的仅 2cm。

### 茶叶中五类（44种）人体必需营养素

A. 必需氨基酸 8 种：Ile\Leu\Phe\Met\Tyr\Thr\Lys\Val

B. 必需脂肪酸 1 种：亚油酸

C. 维生素 13 种：脂溶性 4 种 –VA、VD、VE、VK；水溶性 9 种 –VB$_1$、
VB$_2$、VB$_6$、VB$_{12}$、叶酸、生物素、VC 等

D. 无机盐：a 常量元素 7 种：Ca、P、Mg、K、Na、Cl、S
b 微量元素 14 种：Fe、Cu、Zn、Mn、Mo、Ni、Sn 等

E. 水

## 茶的主要成分及功效

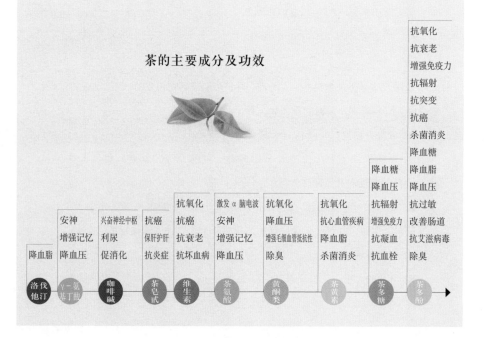

## ✴ 茶叶的化学成分组成

A. 茶叶中的化学成分：已知经过分离鉴定的化合物有 700 多种。

B. 茶树鲜叶中：水分 75%—78%；干物质 22%—25%。

C. 有机物成分表：

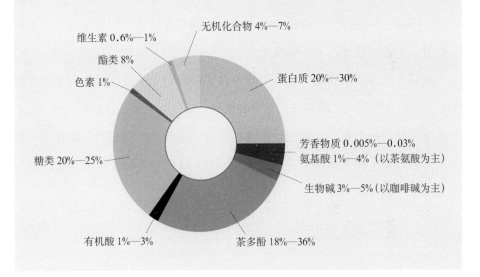

维生素 0.6%—1%

无机化合物 4%—7%

酯类 8%

色素 1%

蛋白质 20%—30%

芳香物质 0.005%—0.03%

氨基酸 1%—4%（以茶氨酸为主）

生物碱 3%—5%（以咖啡碱为主）

糖类 20%—25%

有机酸 1%—3%

茶多酚 18%—36%

需要强调的是，茶虽然含有很多营养物质，但这些营养物质却无法维持我们生命的正常运转，除非你能吃得下几斤茶叶，否则靠几克茶维持生命，是不大现实的。

一些地方，如果它的土质很肥沃，这种地方应该种瓜果蔬菜粮食，种能够快一点长成的东西。如果一个地方土质很贫瘠，下面都是砂石，而且是山坡地，不适合种庄稼，才会适合种茶树。如陆羽在《茶经》中所言："上者生烂石，中者生砾壤，下者生黄土。"

我们不是靠茶来获取营养，茶叶中的这些物质主要是帮助我们平衡营养的。一些是种植期短，能够补充营养的植物，是我们日常食用的粮食和果蔬；一些是种植期特别长，能够医治疾病的植物，是治疗性的草药；而种植期处在中间的，是平衡营养的茶树。想想看，上天这样安排是非常合理的，是一种更高层次的平衡。

# 茶多酚

茶多酚是茶叶中多酚类物质的总称，是茶叶中主要的活性成分，又称为茶单宁、茶鞣质。茶多酚集中表现在茶芽上，对品质的影响最显著。

以前的观念是，茶能帮助身体代谢，年纪大一些的人才需要喝茶，年轻人新陈代谢旺盛，不用喝茶。这几年开始，一听茶里面的茶多酚是人体保鲜剂，大家都疯了，尤其是一些女孩子，变成了名副其实的"茶粉"。

在传统的观念中，辅助代谢功能是分年纪大小的，因为代谢能力随着年龄的增长而下降，喝一点茶，能帮助消化，促进代谢，年纪大的人会有这方面的需求。

保鲜，却是每一个 18 岁以上的成年人都需要的。保鲜的作用其实是抗氧化、清除自由基，在这一点上，既不分年纪大小，也不分性别。当然，一般而言，女性更爱美，对于保鲜的要求比男性要高。

> ❊ **茶叶中的多酚类物质**
>
> （1）黄烷醇类（儿茶素类）；
>
> （2）黄酮类和黄酮醇类（也存在于银杏、苦丁、葡萄、洋葱、大豆）；
>
> （3）花青素类和花白素类（也存在于紫芽、各种花）；
>
> （4）酚酸和缩酚酸类（也存在于金银花中的绿原酸）。

人体之所以会衰老生病，其实是自由基一手造成的。

自由基是什么呢？当一个稳定的原子或基团因外力作用，原有结构被打破，导致缺少一个电子时，自由基就产生了。一个缺少电子的原子相当于一个单身青年，它需要马上寻找到能与之结合的另一半。自由基是非常活跃的，很容易与别的物质发生反应，它发生反应的根本目的是为了偷一个电子过来以保证自身的平衡，结果就会导致别的分子遭到破坏。

一般情况下，自由基能够为很多生命活动提供能量基础，它处在封闭的细胞内活动时对人体是有益无害的。但如果自由基的活动失去控制，超过一定的量，会导致生命的正常秩序紊乱，带来各种危害。

外界环境中的空气污染、阳光辐射、农药残留等都会导致人体产生过量的自由基，当自由基超过一定数量，就会破坏人体正常的细胞和组织，引发多种疾病，如各种心脑血管疾病、肿瘤、老年痴呆等。总之，自由基的存在，是人类衰老和患病的根源。

自由基的数量非常大，有文献报道，每天有数十亿自由基向人体发出的攻击达3000多次。现在医学研究也表明，自由基的作用下人体每天会产生2000—3000个癌细胞。如果这些癌细胞找到合适的土壤，它就会不断地分裂繁殖，后果是非常可怕的。怎么办？每天用抗氧化性的物质把它清除掉，让它无处容身。

生活中，我们每天要大量食用新鲜的水果蔬菜，补充维生素，目的就是为了借助它们的抗氧化性来清除自由基。蔬菜水果当然是要吃的，每天如果能再喝一点茶，效果就大不一样了。

　　茶已经饮用了数千年，是相对安全的饮品，而且喝起来也很方便，所以我们不妨多喝茶，让茶多酚来为身体保鲜。

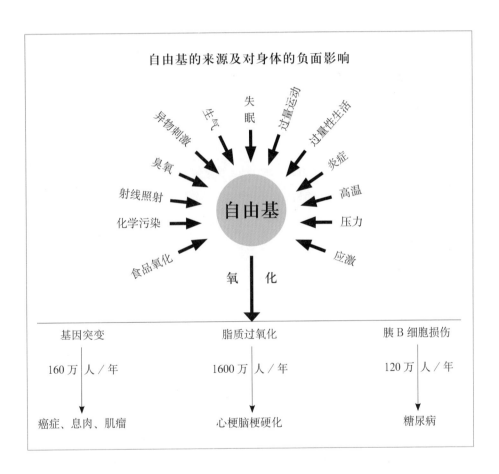

自由基的来源及对身体的负面影响

## ✿ 自由基

自由基是指机体氧化反应中产生的有害化合物，具有强氧化性，可损害机体的组织和细胞，进而引起慢性疾病及衰老效应。自由基化学上也称为"游离基"，是含有一个不成对电子的原子团。由于原子形成分子时，化学键中电子必须成对出现，因此自由基就到处夺取其他物质的一个电子，使自己形成稳定的物质。在化学中，这种现象称为"氧化"。我们生物体系主要遇到的是氧自由基，通称活性氧。过多的活性氧自由基就会有破坏行为，导致人体正常细胞和组织的损坏，从而引起多种疾病。

衰老的自由基学说是德汉·哈曼（Denham Harman）在 1956 年提出的，认为衰老过程中的退行性变化是由于细胞正常代谢过程中产生的自由基的有害作用造成的。生物体的衰老过程是机体的组织细胞不断产生的自由基积累的结果，自由基可以引起 DNA 损伤从而导致突变，诱发肿瘤形成。

茶多酚对人体罹病的罪魁祸首——过量的自由基具有极强的清除能力，是活性氧的克星。据有关部门研究表明，1 毫克茶多酚清除自由基的效能相当于 9 微克超氧化物歧化酶(SOD)，大大高于其他物质。据日本奥田拓勇的实验结果证实，茶多酚的抗衰老功效超过维生素 E 的 18 倍，具体功效表现在：

1. 抑制氧化酶；

2. 与诱导氧化的过渡金属离子结合；

3. 直接清除自由基；

4. 对抗氧化体系的激活（激活自由基的清除体系）。

资料来源：王岳飞、徐平，《茶文化与茶健康》

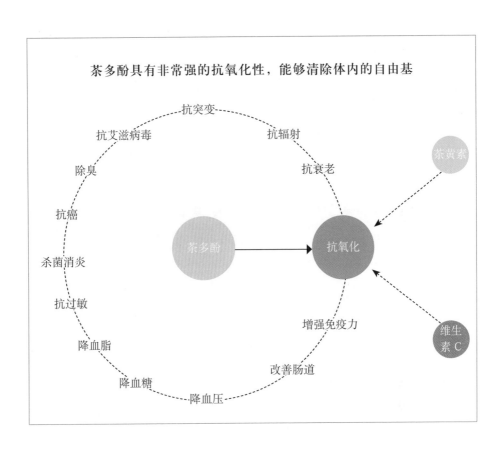

茶多酚具有非常强的抗氧化性，能够清除体内的自由基

茶多酚中最核心的成分是儿茶素，儿茶素中有一种物质叫EGCG。EGCG能够清除自由基，可以抑制癌细胞的生长繁殖。

现代科学证实，茶的抗氧化功效主要由EGCG发挥作用。EGCG的抗氧化活性非常强，至少是维生素C的100多倍，是维生素E的25倍。

儿茶素不但能抗癌，还能延长人的寿命，从本质上讲，依然是它的抗氧化功能在发挥作用。浙江大学做过儿茶素对果蝇的寿命影响实验。实验的结果发现，给果蝇喂食儿茶素后，它们的寿命延长了，尤其对于雌性果蝇，影响更明显一些。

科学研究表明，跟其他典型的抗氧化族群里的水果、饮料比较，绿茶的优势更胜一筹。有一个最著名的实验结果是，两杯300毫升绿茶，它的抗氧化功效相当于12杯白葡萄酒、5个洋葱、4个苹果、7杯橙汁、12杯啤酒、525克黑加仑、1杯半红葡萄酒。

所以，我们每天是吃5个洋葱方便，还是喝两杯茶方便？最后还是发现两杯茶更方便一点。这两杯茶，也不用很讲究地去冲泡，就当解渴的饮料。比较而言，喝茶更具有便利优势。

EGCG，中文全名为表没食子儿茶素没食子酸酯，是绿茶中最有效的抗氧化多酚，也是绿茶中儿茶素中含量最高的成分，占茶叶干重的9%—13%。由于具备特殊的立体化学结构，EGCG具有抗氧化、抗癌、抗突变等活性。

## 儿茶素对果蝇寿命的影响

### 儿茶素制剂对果蝇生存实验的影响－最高寿命（天）

■ CK ■ 浓度0.01% ■ 浓度0.02% ■ 浓度0.06% ■ 浓度0.18%

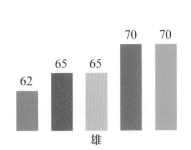

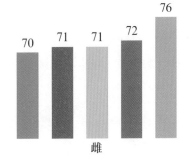

儿茶素制剂的功效：

增强小鼠细胞的免疫功能；增强小鼠体液免疫功能；增强小鼠单核巨噬细胞吞噬功能；增强小鼠巨噬细胞吞噬功能。

中国茶的六大分类法是按照茶多酚的氧化程度来划分的，茶多酚的氧化步骤是：茶黄素→茶红素→茶褐素，随着氧化的不断深入，颜色也会不断加深。

## 在茶多酚的氧化物中，茶黄素的抗氧化能力最强。

乌龙茶和红茶中的茶黄素含量很高。我们经常通过观察茶汤中有无金圈来判断茶的优劣，泡起来茶汤颜色没那么深，红中带黄，周围像镶着金圈，这样的茶，品质要好一些，它的茶黄素含量相对高一些，抗氧化性也更强。

1999 年日本启动了一项全民饮茶预防癌症的行动，全国 100 个博士联名推动饮茶健康。我也有一项计划，联合 100 名公众人物共同倡导全民饮茶，宣传茶的健康认知。

对待任何疾病，我们现在都过于依赖医院和医生。老实讲，癌症到了晚期治疗阶段，生存率很低，即使存活下来，生命质量也会大打折扣。所以，我们要转变观念，把健康交给自己，在癌细胞的启动阶段就进行干预。每天喝茶，每天清库存，保持生命活力。据相关研究显示，女性每天饮茶 10 杯，癌症的发生时间平均可以延迟 7.3 年，男性可平均延迟 3.2 年。

浙江大学王岳飞教授在一篇报告中指出：茶多酚和茶黄素对肝癌发生率可抑制 44% 和 50%。用红茶、绿茶的 1.25% 提取物处理，对皮肤癌的抑制率分别是 93% 和 88%，对角膜癌的抑制率分别为 79% 和 78%。

## 比较公认的三阶段致癌学说

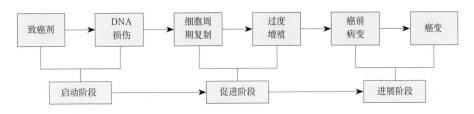

## ❈ 茶对癌的启动、促进、进展三个阶段均有抑制作用

现已证明的茶叶抗癌机制有：抗氧化；调控致癌过程中关键酶的活性；抑制基因表达；阻滞信号传递；抑制肿瘤蔓延；调节转录因子；诱导癌细胞凋亡和细胞周期等。

# 生物碱

我相信达摩当年就是因为提神作用才每天嚼食茶叶的。现在很多人下午三四点钟一定得喝一杯茶提神，这个点容易犯困，来杯茶工作就又有精神了。

## 茶发挥提神作用的物质主要是其中的生物碱。

茶叶中的生物碱包括咖啡碱、可可碱，以及少量的茶碱，其中咖啡碱占的比例最大，起主要作用。咖啡碱因为最早在咖啡豆中被发现，而被命名为咖啡碱。不同种类的茶和咖啡含咖啡碱的量差距很大。此外，不同的生产加工方式也影响最终成品的咖啡碱含量。它的主要作用是提神醒脑、强心利尿、消除疲劳。

很多人喝咖啡主要是为了提神，而不是为了解渴。我们都知道，每个人每天喝咖啡不宜超过 4 杯，过度过量对心脏负荷大，长期如此，不利于健康。安徽农业大学宛晓春教授研究表明，茶是"温和的标准兴奋剂"，因为喝茶摄入咖啡碱的量远远低于喝咖啡摄入咖啡碱的量。以投茶量（3—4 克）计算，茶叶中咖啡碱含量在 2%—4%，最多不过 140 毫克，咖啡碱是缓慢地逐渐浸溶出来被利用，因而，实际摄入量更低一些。

此外，咖啡碱与酚类及其氧化产物结合，不但减轻了苦涩味，使滋味更加醇和，且会减轻咖啡碱的刺激作用。浙江大学的屠幼英教授认为，茶汤中

### ✤ 茶叶中的生物碱

咖啡碱（2%—4%），可可碱（0.05%），茶碱（0.002%）。

咖啡碱：因最初是在咖啡中发现，故名咖啡碱。茶叶中比咖啡豆的含量还要高（1%—2%），故又称茶素。

咖啡碱性质：①性状：白色绢丝状结晶。②溶解性：易溶于热水。③升华：于 120℃开始升华，到 180℃大量升华。

含有咖啡碱的植物很少，除茶叶和咖啡外，还有可可、冬青等，但以茶叶中的含量最高。丰富的生物碱决定着茶叶对人体具有提神益思、强心利尿、消除疲劳等功能。

全世界的咖啡因消耗量大约是每人每天 70 毫克，有些国家（如瑞典、英国）每天的平均消费量还超过 400 毫克，相当于 4 杯咖啡。据人类学家尤金·安德森（Eugene Anderson）指出，世界上流行最广的名词（几乎每种语言都用得到）即 4 种含咖啡因植物的名称：咖啡、茶、可可、可乐果。

资料来源：戴维·考特莱特，《上瘾五百年》

与其他成分混合的咖啡碱与单纯成分的咖啡碱是有区别的，这是因为，前者浓度较低，且与其他成分相互制约，对人体健康是安全的，并且对于茶的提神、抗疲劳、利尿、解毒等功效做出主要贡献。

经常会有人问我，喝了茶睡不着觉怎么办？其实睡不着觉主要是因为对咖啡碱较敏感。适当地掌握好饮茶时间和饮用量就可以逐步适应。

第一，不要晚上喝茶，可以选择上午或下午喝。第二，喝茶的时候，把第一道茶让给别人喝，因为咖啡碱是热溶性的，第一道把大部分都浸溶出来了，50% 以上的咖啡碱都在第一道茶里面。特别是一些焙火比较重的茶，像武夷岩茶、六安瓜片，那一层表面的白霜就是咖啡碱，第一泡就浸出了。第三，如果在服用某些药物，最好服药期间不要饮茶，以防咖啡碱与药物发生反应，产生不良后果。

## 茶多糖

茶里面含有单糖、双糖和多糖，我们能喝出甜味的单糖和双糖，是不具备特殊功效的；我们喝不出来甜味的多糖，却具有降脂、降糖的功效。

如果有高血压、高血糖，人又比较胖，那就喝一些粗老的茶、发酵度高的茶，比如普洱茶、安化黑茶之类，这类茶能够起作用。

茶多糖具有降血糖、降血脂、提高免疫力的功效，这就是为什么一些年纪大的人，特别是体重超标的男性，偏爱喝老茶的原因。武夷岩茶里面有一个茶叫老丛水仙，它的茶多糖含量很高，尤其适合糖尿病患者。

全世界糖尿病患者是一个很庞大的数字，近年来，中国的糖尿病患者也越来越多。这主要是由不健康的生活方式造成的。

这些年，国际上的科研机构做了很多关于茶多糖与糖尿病的研究，结论就是水溶性多糖具有明显的降糖效果。中国关于饮茶预防治疗糖尿病的研究起始于 20 世纪 90 年代，目前，哪种茶效果好、用什么样的水泡等对实际生活有帮助的研究课题都取得了不错的进展。

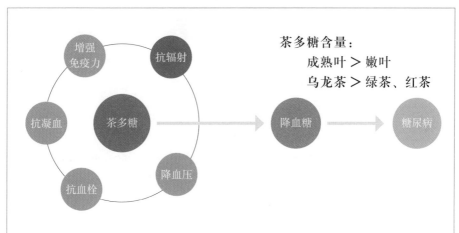

茶多糖（TPS）是茶叶中具有生物活性的复合多糖，是一类与蛋白质结合在一起的酸性多糖或酸性糖蛋白。茶多糖颜色为灰白色、浅黄色至灰褐色的固体粉末，随干燥时温度的提高，色泽加深。茶多糖主要为水溶性多糖，易溶于热水。

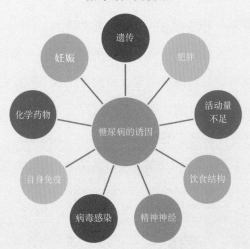

糖尿病的诱因

遗传
妊娠
肥胖
化学药物
活动量不足
糖尿病的诱因
自身免疫
饮食结构
病毒感染
精神神经

## ⌘ 茶多糖与糖尿病的关系研究

茶叶水溶性多糖有明显的降血糖效果。

（Isigaki K.，et al. *Anti-diabetes mellitus effect of water-soluble tea polysaccharide Proceedings of the International Symposium on Tea. Science*，August 26—29 1991，Shizuoka，Japan）

日本研究者对 17413 名 40—65 岁的日本人进行了长达 5 年的关于糖尿病的研究，结果表明：每天饮用 6 杯（1440 毫升／天）以上的绿茶可以降低 42% 的糖尿病患病风险。

(Iso H, Date C, Wakai K,et al. *The relationship between green tea and total caffeine intake and risk for self-reported type2 diabetes among Japanese adults. Annals of International Medicine*)

一天喝4杯以上茶（960毫升／天）的女性比没有喝茶的人患糖尿病风险降低了30%。

(Song Y, Manson JE, Buring JE, Sesso HD, Liu S (2005) *Associations of dietary flavonoids with risk of type 2 diabetes, and markers of insulin resistance and systemic inflammation in women: a prospective study and cross-sectional analysis. J Am Coll Nutr*)

茶叶越粗老治疗糖尿病的效果越好，有效率可达70%，在临床上应用树龄70年以上的老茶树树叶治疗糖尿病，疗效明显。

资料来源：蔡鸿恩，《中西医结合茶治疗糖尿病初步疗效观察报告》

日本学者的研究显示，饮用日本的淡茶（30年左右树龄的茶树树叶）和酽茶（100年以上树龄的茶树树叶），分别对轻、中度慢性糖尿病患者的症状有明显减少或完全消失的疗效。

资料来源：安徽农业大学主编，《茶叶生物化学》（第二版）

# 茶氨酸

茶氨酸（Theanine）是一种在其他植物中比较罕见的氨基酸，它是1950年日本酒户弥二郎从玉露茶新梢中发现的，并命名为茶氨酸。

到目前为止，除了在一种蕈（Xeecomus badins）和茶梅（Camellia sasanqua）以及蘑菇、油茶、红山茶中检出微量存在外，在其他植物中尚未发现。

茶叶中的氨基酸含量为1%—4%。有些茶的氨基酸非常高，比如安吉白茶，它的氨基酸可以达到6%—9%。所以你一喝这个茶，哇，喝鸡汤一样，非常鲜！喝日本的抹茶也是这样的，氨基酸高，它就很鲜，苦涩度相对就低。

氨基酸中，有50%是茶树特有的茶氨酸。茶氨酸是非常鲜的物质，我们把它比喻成"天然的镇静剂"。

所以当喝到很好的茶，或者很鲜的茶之后，人就会很舒服，那不是兴奋的状态，而是很舒服的状态。

现代的科学研究清楚地解释了人们喝茶后为什么会比较平静舒服。我们的脑电波分四种：β－波兴奋时出现，α－波神经松弛时出现，θ－波打盹时出现，δ－波熟睡时出现。当我们的神经处在α－波时，整个人的情绪状态特别平缓愉悦。茶氨酸能够促进我们从β－波状态到α－波状态的过渡。

茶氨酸是茶树中一种比较特殊的在一般植物中罕见的氨基酸。它是1950年由日本酒户弥二郎从玉露茶新梢中发现的，并命名为茶氨酸。纯品为白色针状结晶，极易溶于水，具有焦糖的香味和类似味精的鲜爽味。

　　研究表明，L—茶氨酸对神经的松弛作用非常明显，在封闭环境中（室温25℃、光强40lx），给实验者口服水和感觉不到味道的茶氨酸水溶液（0.50—2.00毫克／毫升），1小时后测量，结果表明随着口服量增多，α–波出现量也明显增加。从这些结果中，他们认为，服用茶氨酸引起的旷怡身心效果不是使人趋于睡眠，而是具有松弛神经的作用，从而使大脑处在最佳的思考状态。

资料来源：宛晓春，《茶叶生物化学》

## 茶氨酸：21世纪"新天然镇静剂"

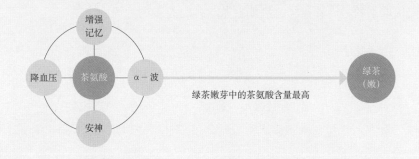

宋朝的时候，做出来的茶是最鲜的，龙团凤饼用的都是最嫩的芽头，里面的茶氨酸很高，点出来的茶可直接吃掉。而当时也正是僧侣开始大面积种茶吃茶的时期。僧人们每天打坐，喝一点茶，除了能够提神，整个身体也会非常放松，能够快速进入冥想状态。

茶让人逐步平静，利于僧侣打坐参禅，这就是中国茶传入日本的最初缘由。所谓禅茶一味，是禅茶不分，本质上是一帮僧侣打坐参禅的需求。茶传入日本之后，由僧侣逐步推介给天皇和武士，茶开始走进皇宫，走进社会上层。

到了 1987 年，日本人发表了绿茶抗癌的报告，对于茶的认识发生了新的转变。之前，它主要是茶道、禅修，比较传统的方向。现在，就有两种观念，一种是仪式性的茶道；另一种是饮茶有益健康，能够抗癌，这两种观念并不冲突，反而结合在一起，促使更多的人去喝茶。

关于茶的保健品的登记注册，近年是越来越多。大家尝试用茶做各种各样的保健品，茶保健品是我们日常可以食用的、有益身体健康的东西，这是我们摄取茶的另一种途径。例如白茶含片、茶多酚片等。

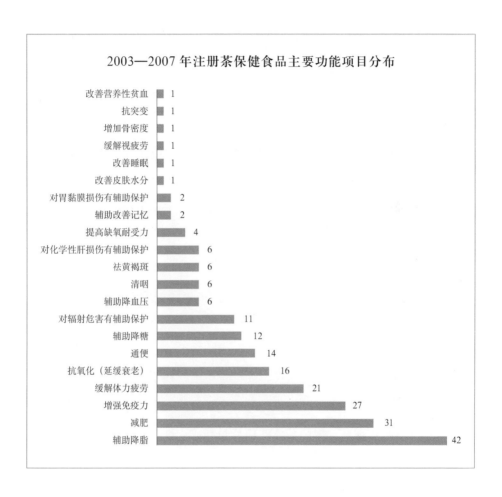

2003—2007 年注册茶保健食品主要功能项目分布

| 功能 | 数量 |
|---|---|
| 改善营养性贫血 | 1 |
| 抗突变 | 1 |
| 增加骨密度 | 1 |
| 缓解视疲劳 | 1 |
| 改善睡眠 | 1 |
| 改善皮肤水分 | 1 |
| 对胃黏膜损伤有辅助保护 | 2 |
| 辅助改善记忆 | 2 |
| 提高缺氧耐受力 | 4 |
| 对化学性肝损伤有辅助保护 | 6 |
| 祛黄褐斑 | 6 |
| 清咽 | 6 |
| 辅助降血压 | 6 |
| 对辐射危害有辅助保护 | 11 |
| 辅助降糖 | 12 |
| 通便 | 14 |
| 抗氧化（延缓衰老） | 16 |
| 缓解体力疲劳 | 21 |
| 增强免疫力 | 27 |
| 减肥 | 31 |
| 辅助降脂 | 42 |

目前，中国对茶形成的共知是辅助代谢功能，这是从古至今的认知。以前只知道喝了茶舒服，现在清楚为什么舒服了。

关于茶的认识，中国的认识是辅助代谢功能，国际共识是抗氧化功能。

原星巴克中国和亚太区副总裁兼研发总监马胜学博士是一位美籍华裔科学家，自 1992 年就开始接触研究茶多酚。我们都知道，蓝莓是一种抗氧化能力很强的水果，但马博士告诉我，绿茶的抗氧化能力比蓝莓还要厉害。

关于茶的抗氧化功能，我们对这一块的认知还远远不够。抗氧化功能最具有现代健康意义，有巨大的需求空间。

## 茶叶的核心审美因子，在东方表现为禅修人性，在国际上表现为释放人性。

东方人喝茶是一个禅意的审美，无论是中国，还是日本，喝茶追求的是一种悠远的意境。西方下午茶提供的是一个交流的空间，是开放性的，让人获得片刻的闲暇。现在，国际整体的趋势是释放人性，很多空间的设计、茶会的目的，都是能够让大家坐下来，进行各种交流。

在我看来，茶具备三个层面的意义：最低层面，茶可以解渴；第二个层面，茶可以审美；第三个层面，茶具有强大的健康功效。茶有如此多的功能，恐怕再也找不到一种饮料可以超越它。

所以，茶是世界上最健康的饮料，没有之一。

茶是世界上最健康的饮料

Cha is the world's healthiest beverage

# 一片伟大的叶子

2007 年，我去云南双江考察大雪山古茶树群落，在原始森林里面行走了 7 个多小时。2014 年春天，我又去了一趟，又走了 7 个多小时。虽然隔了 7 年，原始森林的变化并不大，依然是人迹罕至，格外清幽。

大雪山古茶树群落处在原始森林深处，周围是各种各样的野生原始植物，古茶树只是其中的一分子。上山之后，在森林里一直走，7 个小时的路程之后，才能看到 1 号古茶树、2 号古茶树、3 号古茶树，其中最古老的一棵有 2700 多年。

与凤庆那棵栽培型的古茶树不同，这些古茶树都是野生的，跟很多参天大树一同生长，如果不是特别留意，根本分辨不出它们是茶树。

一同进山的有我的师父林叔、"冰岛王"杨加龙，还有当地古茶树群落保护所的工作人员。这些工作人员既是向导，也负责日常的巡山，保护古茶树群落不受人为破坏。他们每次进山，都要对这些古茶树进行祭拜，把带的烟酒摆在树下，用当地的土话跟茶树说说话，态度十分虔诚。

云南茶山如景迈山、班章村、冰岛，这些地方的茶农，大多是少数民族。

村子周围上千年的古茶树都是他们的祖先留下来的，一代又一代的子孙喝着罐罐土茶长大，古茶树跟山神差不多。现在，每年的春季，山上都会有祭拜仪式，主要目的是感谢祖先与自然的馈赠。

每次走进莽莽的原始森林，我都不禁会问：为什么我们的老祖先偏偏选中了这片树叶？

当然，现代的科学研究揭开了谜底，发现它有这个作用，那个功效。没有这些发现之前，茶默默无声解决了很多问题。我们的老祖先没有选择别的叶子，独独选择了茶树叶子。为了这片树叶，少数民族跟汉族不知打了多少仗，英国为了得到它甚至不惜发动战争，日本人更是把喝茶上升为一种庄严的仪式。

茶，无疑是全世界最伟大的一种饮料。如今，全世界一年喝掉的茶是9000亿杯，咖啡是6000亿杯，可乐是1000亿杯。可以说，茶是全世界除水之外，消耗量最大、最普及的一种饮料。

因为这一片树叶，我庆幸自己是一个中国人；因为这一片树叶，我一次次去讲述它的故事，去做一个传播茶文明的使者。我一直在倡导一个传播模式：每一位喜欢茶、热爱茶的人，每年影响3个人开始喝茶。


如果你问，中国茶最吸引我的是什么？我的回答一定是中国茶的多样性。

中国茶的多样性既表现为茶叶资源的多样性，也表现在茶文化的多样性，更体现在功能的多样性。多样性是中国茶文明的最大特征，也是几千年积累而成的丰盛遗产。

茶是一片神奇的东方树叶，每一种茶的诞生都是人类在宇宙中寻找自己的位置，茶香的故事由此而来。

茶的文明史就是人类战胜苦涩的历史，一代代茶人在一片树叶中上下求索，谱写出动人的书香故事。

茶是世界上最健康的饮料，千百年来，人们一饮再饮，茶与人的无声交融便是健康故事。

几千年来，茶树一次次冒出新芽，一次次地被人类采下。这一株植物，终其一生，只吸纳微薄的养分，却贡献出全部的精华。

只能用两个字来形容茶，那就是：伟大！


感谢我的好朋友王岳飞、梁慧玲、林振中、陈静、张维为、刘杰、叶健，是你们促成了《中国茶密码》这堂课。感谢我的好朋友叶扬生、钱晓军、张海鸥、欧阳道坤、缪钦、邓增永、吴锡端，你们从专业和商业的角度给予我启发，让这堂课更加丰富生动。感谢三联书店总编辑翟德芳及本书责任编辑黄新萍，让这本书得以呈现。感谢陈宗懋院士、马胜学博士和王冲霄导演的热忱推荐。感谢国茶实验室邵晓林、梁莉红的专业协助。最后，特别感谢我的家人，父亲罗国清、母亲陆艳、妹妹罗群和我的儿子罗沐知，是你们的支持和理解，让我可以全身心地投入茶的世界。

感恩茶！

茶是上天给予人类最自然纯粹的爱

Cha is a gift from nature, the purest of nurturing love

**图书在版编目（CIP）数据**

中国茶密码／罗军作品．—北京：生活·读书·新知三联书店，
2016.4 （2024.4 重印）
ISBN 978－7－108－05645－0

Ⅰ．①中…　Ⅱ．①罗…　Ⅲ．①茶叶－文化－中国　Ⅳ．① TS971

中国版本图书馆 CIP 数据核字（2016）第 049210 号

责任编辑：黄新萍
装帧设计：鲍敦蓉
责任印制：卢　岳
出版发行：生活·讀書·新知 三联书店
　　　　　　（北京市东城区美术馆东街 22 号）
邮　　编：100010
网　　址：www.sdxjpc.com
经　　销：新华书店
印　　刷：北京启航东方印刷有限公司
版　　次：2016 年 4 月北京第 1 版
　　　　　　2024 年 4 月北京第 11 次印刷
开　　本：720 毫米 × 965 毫米　1/16　印张 16.5
字　　数：120 千字　图 50 幅
印　　数：47,001－50,000 册
定　　价：49.00 元
（印装查询：01064002715；邮购查询：01084010542）